思维导图话科学史

图说科学发明

李玉军　主编

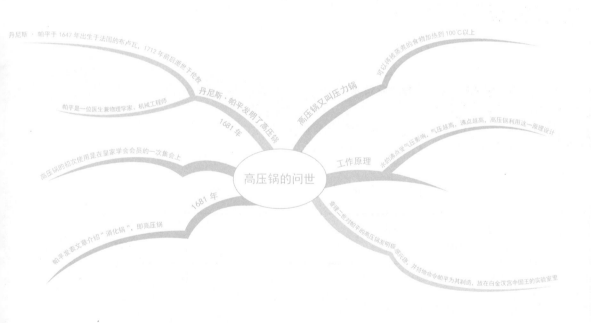

丹尼斯·帕平于 1647 年出生于法国的布卢瓦，1712 年前后逝世于伦敦

帕平是一位医生兼物理学家、机械工程师

1681 年

丹尼斯·帕平发明了高压锅

高压锅又叫压力锅

可以将未冻煮的食物加热到100℃以上

高压锅的初次使用是在皇家学会会员的一次集会上

工作原理

水的沸点受气压影响，气压越高，沸点越高，高压锅利用这一原理设计

1681 年

帕平发表文章介绍"消化锅"，即高压锅

查理二世对帕平的高压锅发明极感兴趣，并特地命令帕平为其制造，放在白金汉宫中国王的实验室里

高压锅的问世

化学工业出版社

·北京·

科学发明对于人类的生产生活起着举足轻重的作用。本书沿着时间的脉络，重温了人类科学发明的伟大历程，结合思维导图的编写方式，为读者讲述了科学发明的发展进程，主要包括：最初的发明（1399年以前）、欧洲文明兴起时期（1400—1779年）、蒸汽动力与工业革命时期（1780—1869年）、电力与现代世界发展时期（1870—1939年）、晶体管与信息时代（1940年以后）。人物小史与趣事中穿插的知识链接，有助于读者在了解科技发明发展过程的同时掌握相关知识点。

本书内容丰富，脉络清晰，作为基础科普读物适合青少年、中小学教师阅读，也可作为提高公众科学素养的读本。

图书在版编目（CIP）数据

图说科学发明 / 李玉军主编 . —北京：化学工业出版社，2019.11
（思维导图话科学史）
ISBN 978-7-122-35154-8

Ⅰ.①图… Ⅱ.①李… Ⅲ.①科学技术—创造发明—技术史—青少年读物 Ⅳ.① N19-49

中国版本图书馆 CIP 数据核字（2019）第 203351 号

责任编辑：曾　越　张兴辉　　　　　　　　文字编辑：吴开亮
责任校对：张雨彤　　　　　　　　　　　　装帧设计：王晓宇

出版发行：化学工业出版社（北京市东城区青年湖南街13号　邮政编码100011）
印　　刷：北京京华铭诚工贸有限公司
装　　订：三河市振勇印装有限公司
710mm×1000mm　1/16　印张14¼　字数244千字　2020年6月北京第1版第1次印刷

购书咨询：010-64518888　　　　　　　　　　售后服务：010-64518899
网　　址：http://www.cip.com.cn
凡购买本书，如有缺损质量问题，本社销售中心负责调换。

定　　价：49.80元

　　科学发明是运用自然规律解决技术领域中特有问题而提出创新性方案、措施的过程和成果。人类史上的伟大发明和创造，为人类认识自然、征服自然做出了重大贡献。其深层意义在于，科学发明能够唤起整个社会的潜在活力，推动科技和社会进步，启发和激励人们的聪明才智，提高全人类精神文明和物质文明水准，增强国家技术竞争力。如今，人类的生活方式已经发生了全方位的改变，而科学发明的进步也越发显示出其在现代生活中的重要地位。

　　科学发明离不开科学理论这块基石，同时，科学理论也是技术发明的实践总结。二者相辅相成，对立统一。在人类历史中，有许多发明由劳动人民经过漫长的岁月共同创造，在一代一代薪火相传的基础上摸索、前进、改变、发明。可以说，人类在社会实践中发明了科学技术，而科学技术的发展又有力地推动了社会的进步。本书沿着时间的脉络，重视科学思想的演变，为读者讲述了科学发明的演变历程，主要内容包括：最初的发明（1399年以前）、欧洲文明兴起时期（1400—1779年）、蒸汽动力与工业革命时期（1780—1869年）、电力与现代世界发展时期（1870—1939年）、晶体管与信息时代（1940年以后）。

　　科学发明的学习本身就是一个融通文理各科知识、感知和积累的过程，希望本书能够为学习和研究科学发明史的各界知识人士提供帮助。

本书由李玉军主编，由刘艳君、何影、张黎黎、董慧、王红微、齐丽娜、李瑞、于涛、孙丽娜、孙时春、李东、刘培、何萍、白雅君等共同协助完成。

由于编者的经验和学识有限，内容难免有不足之处，敬请广大专家、学者批评指正。

编　者

目录

1　最初的发明（1399年以前） 001

1.1　文明之始 003

1.1.1　石器的创造 003

1.1.2　火的使用 004

1.1.3　陶器的发明 006

1.1.4　文字的使用 008

1.2　交通与建筑 009

1.2.1　木船的发明 009

1.2.2　铁的制造 012

1.2.3　玻璃的发明 012

1.3　军事与科技 014

1.3.1　弓箭的出现 014

1.3.2　剑的发明 015

1.3.3　火药的发明 016

1.3.4　火炮的发明 019

1.4　农业与生活 021

1.4.1　鱼钩的发明 021

1.4.2　纽扣的发明 021

1.4.3　水井的发明 024

1.4.4　水时钟的发明 024

1.4.5 指南针的发明 025

1.4.6 纸的发明 030

1.4.7 地动仪的发明 033

1.4.8 印刷术的发明 036

2 欧洲文明兴起时期（1400—1779年） 041

2.1 光学仪器 043

2.1.1 望远镜的发明 043

2.1.2 显微镜的发明 044

2.1.3 太阳系仪的发明 048

2.1.4 八分仪与六分仪的发明 048

2.2 动力与纺织 049

2.2.1 蒸汽机的发明 049

2.2.2 飞梭的发明 051

2.2.3 珍妮纺纱机的发明 051

2.2.4 走锭精纺机的发明 053

2.3 机械设备 054

2.3.1 打字机的问世 054

2.3.2 机床的发明 055

2.4 生活与艺术 056

2.4.1 体温表的发明 056

2.4.2 高压锅的问世 059

2.4.3 避雷针的问世 061

2.4.4 钢琴的发明 063

2.5 交通与医学 065

2.5.1 汽车的诞生 065

2.5.2 牛痘疫苗的发明 067

3.1 动力与纺织 073
3.1.1 旋转式蒸汽机的发明 073
3.1.2 动力织机的发明 077
3.1.3 铁路蒸汽机车的发明 077

3.2 机械设备 082
3.2.1 轧棉机的发明 082
3.2.2 分光镜的发明 083
3.2.3 缝纫机的发明 086
3.2.4 变压器与发电机的发明 086
3.2.5 电报机的发明 092
3.2.6 内燃机的发明 096

3.3 交通与军事 099
3.3.1 热气球的发明 099
3.3.2 降落伞的发明 100
3.3.3 飞艇的发明 103
3.3.4 自行车的发明 107

3.4 医学 107
3.4.1 麻醉剂的发明 107
3.4.2 听诊器的发明 113

3.5 材料 115
3.5.1 水泥的出现 115
3.5.2 硫化橡胶的发明 116
3.5.3 合成染料的发现 118

3.6 文化与其他 119
3.6.1 电池的发明 119
3.6.2 钢笔的发明 123
3.6.3 照相机的发明 123

3.6.4 火柴的出现......................127

3.6.5 转炉炼钢技术的发明.................128

3.6.6 安全炸药的发明...................130

4 电力与现代世界发展时期（1870—1939年）135

4.1 动力机械......................137

4.1.1 喷气发动机的发明.................137

4.1.2 燃气轮机的发明..................138

4.2 通信与文化.....................139

4.2.1 电话的发明....................139

4.2.2 留声机的发明...................144

4.2.3 光通信的发明...................147

4.2.4 立体声的出现...................148

4.3 交通.........................149

4.3.1 摩托车的发明...................149

4.3.2 充气轮胎的发明..................150

4.4 光电.........................151

4.4.1 电影摄影机的发明.................151

4.4.2 霓虹灯的发明...................152

4.4.3 无线电广播的发明.................156

4.4.4 电视的发明....................157

4.4.5 复印机的发明...................159

4.5 军事与航空航天...................162

4.5.1 飞机的诞生....................162

4.5.2 水翼艇的发明...................163

4.5.3 声呐的发明....................164

4.5.4 直升机的问世...................165

4.5.5 坦克的发明....................167

4.5.6 航空母舰的出现 168

4.5.7 射电望远镜的发明 169

4.5.8 鱼群探测器的发明 171

4.5.9 无人机的发明 171

4.6 生活 173

4.6.1 洗衣机的发明 173

4.6.2 电冰箱的发明 174

4.6.3 电灯的发明 175

4.6.4 圆珠笔的发明 178

4.6.5 拉链的发明 179

4.6.6 测谎器的发明 180

4.6.7 吸尘器的发明 180

4.6.8 尼龙的发明 183

5 晶体管与信息时代（1940年以后） 185

5.1 军事与航空航天 187

5.1.1 现代火箭的发明 187

5.1.2 战略弹道导弹的出现 190

5.1.3 原子弹的发明 191

5.1.4 宇宙飞船的发明 197

5.1.5 航天飞机的诞生 198

5.2 科技与生活 198

5.2.1 电子计算机的发明 198

5.2.2 人工降雨技术的出现 200

5.2.3 晶体管的诞生 200

5.2.4 气垫船的发明 203

5.2.5 机器人的出现 204

5.2.6 集成电路的发明 206

5.2.7 多媒体计算机的出现 207

5.2.8 万维网的出现..208

5.2.9 智能手机的出现 210

5.2.10 彩色3D打印机的研制...........................211

5.2.11 量子计算机的发明 213

5.2.12 重力灯的发明 215

人物索引　　　　　　　　　　　　　　216

参考文献　　　　　　　　　　　　　　218

1

最初的发明

（1399 年以前）

在古代，人类在同大自然的斗争中逐步积累了知识与经验，创造了很多实用技术。例如，在原始社会，人类制造与使用了石器工具（约300万年前），学会了用火，发明了弓箭，等等，并且开始了原始的畜牧业和农业，发展了纺织、化工、建筑、冶炼等技术。

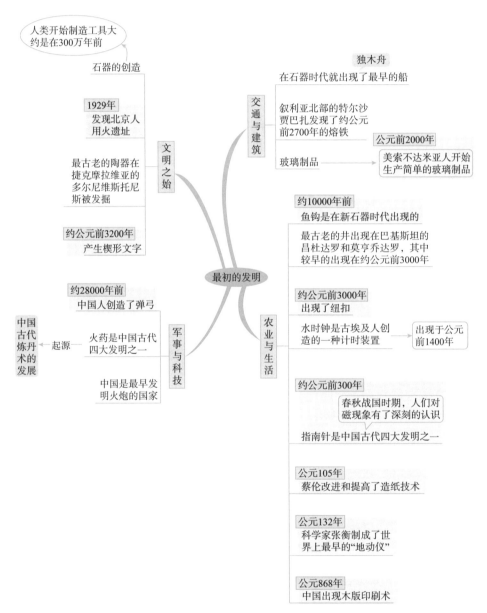

1.1 💡 文明之始

1.1.1 石器的创造

制造和使用工具，是人与动物的本质区别。有了工具，就意味着对自然的改造，意味着生产的开始。因此，人类的文明史，首先就是制造和使用工具的历史。石器是人类最早创造的劳动工具，就世界范围来看，人类开始制造工具大约是在300万年前。最早的工具并没有什么标准的形式，一物可以多用。

🎯 导 图

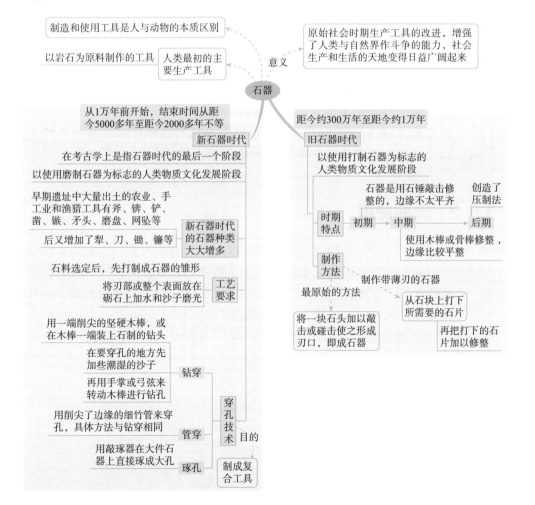

人物小史与趣事

第三次全国文物普查时，在长沙宁乡县老粮仓镇唐市村村民戴端维家中，发现了不少的"宝贝"石头。据戴端维介绍，他的这些"宝贝"是旧石器时代和新石器时代的打制石器，它们见证了人类文明。经过专家鉴定，这些石器均为新石器时代人类所使用过的石器。虽然专家们的鉴定和考证让戴端维有些失望，但是专家却通过这些石器发现了长沙新石器时代的人类文明程度，其中一些石器甚至表明当时的人类有了捕鱼行为，说明当时的人类社会发展成熟程度比较高。

知识链接　　　旧石器时代和新石器时代

旧石器时代（paleolithic，距今约300万年至距今约1万年），以使用打制石器为标志的人类物质文化发展阶段。

新石器时代（neolithic），在考古学上是指石器时代的最后一个阶段，以使用磨制石器为标志的人类物质文化发展阶段。

1.1.2　火的使用

火的使用（约50万年前），是人类技术史上一项伟大发明，也是人类改造自然的一种强有力的手段。人类用火将生食转变为熟食，用火驱走严寒和猛兽。夜晚的火堆，激发了人类的艺术感悟，使原始艺术的萌芽得以发展。古书中有"燧人氏"教民"钻燧取火，以化腥臊"的记载，还说"木与木相摩则燃"。钻、摩、锯、压等这类取火方法都需要一定的技巧，否则是取不出火来的。火的使用是人类走向文明的关键性一步。

🎯 导图

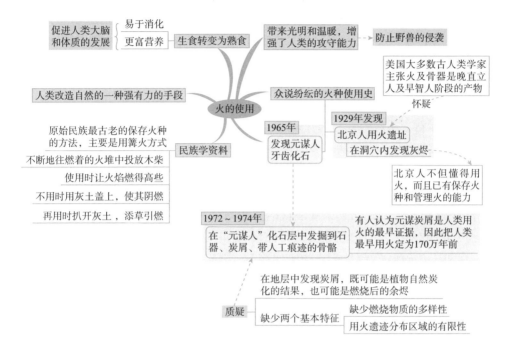

促进人类大脑和体质的发展 — 易于消化 / 更富营养 — 生食转变为熟食

带来光明和温暖，增强了人类的攻守能力 → 防止野兽的侵袭

人类改造自然的一种强有力的手段

众说纷纭的火种使用史

美国大多数古人类学家主张火及骨器是晚直立人及早智人阶段的产物 — 怀疑

火的使用

1929年发现 — 北京人用火遗址 — 在洞穴内发现灰烬

原始民族最古老的保存火种的方法，主要是用篝火方式

民族学资料

1965年 发现元谋人牙齿化石

北京人不但懂得用火，而且已有保存火种和管理火的能力

不断地往燃着的火堆中投放木柴

使用时让火焰燃得高些

不用时用灰土盖上，使其阴燃

再用时扒开灰土，添草引燃

1972～1974年 在"元谋人"化石层中发掘到石器、炭屑、带人工痕迹的骨骼

有人认为元谋炭屑是人类用火的最早证据，因此把人类最早用火定为170万年前

在地层中发现炭屑，既可能是植物自然炭化的结果，也可能是燃烧后的余烬

质疑 — 缺少两个基本特征 — 缺少燃烧物质的多样性 / 用火遗迹分布区域的有限性

🎯 人物小史与趣事

燧人氏

燧人氏，生卒年不详，三皇之首，风姓，简称燧人，尊称燧皇，燧明国（今河南商丘）人，出生于商丘，相传为华胥氏之夫、伏羲与女娲的父亲。旧石器时代，燧人氏在今河南商丘一带钻木取火，成为华夏人工取火的发明者，教人熟食，结束了远古人类茹毛饮血的历史，开创了华夏文明，被奉为"火祖"。

华夏文明有文字记载的历史始于燧人氏，燧人氏是中华民族可以考证的第一位祖先。

★燧人氏的传说

燧人氏是我国传说中发明钻木取火的人，这在先秦的古籍中已经有记载。《韩非子·五蠹》记载："上古之世，人民少而禽兽众，人民不胜禽兽虫蛇……民食果蓏蚌蛤，腥臊恶臭而伤害腹胃，民多疾病。有圣人作，钻燧取火以化腥臊，而民说（悦）之，使王天下，号之曰燧人氏。"《尸子》云："燧人上观星辰，下察五木以为火。"《拾遗记》云："燧明国有大树名燧，屈盘万顷。后有圣人，游至其国，有鸟啄树，粲然火出，圣人感焉，因用小枝钻火，号燧人氏。"《古史考》云："太古之初，人吮露精，食草木实，山居则食鸟兽，衣其羽皮，近水则食鱼鳖蚌蛤，未有火化，腥臊多，害肠胃。于使（是）有圣人出，以火德王，造作钻燧出火，教人熟食，铸金作刃，民人大悦，号曰燧人。"《三坟》云："燧人氏教人炮食，钻木取火，有传教之台，有结绳之政。"《汉书》亦有"教民熟食，养人利性，避臭去毒"的记载。

我国著名史学家郭沫若先生在其主编的《中国史稿》中说："人工取火的发明，对于远古人类的生活无疑起了极为重大的作用，引起后人极大的重视……这样的传说固然夹杂着后代的生活内容，蒙上了神秘的外衣，但它依然反映着朴素的远古人类生活的史实背景。"赵朴初先生曾作诗道："燧人取火非常业，世界从此日日新。"恩格斯说："就世界的解放作用而言，摩擦生火还是超过了蒸汽机。因为摩擦生火第一次使得人支配了一种自然力，从而最后与动物界分开。"

钻木取火的原理

钻木取火是根据摩擦生热的原理产生的。木原料本身较为粗糙，在摩擦时，摩擦力较大会产生热量，加之木材本身就是易燃物，所以就会生出火来。

人工取火的发明结束了人类茹毛饮血的时代，开创了人类文明的新纪元。因此，燧人氏一直受到人们的敬重和崇拜，被尊为三皇之首，奉为"火祖"。商丘古城西南1.5公里的燧皇陵，相传就是燧人氏的葬地，其冢高约7米，周围有松柏环绕。冢前有前中国历史博物馆馆长俞伟超先生的手书碑刻及后世为纪念燧人氏而立的石像。

1.1.3　陶器的发明

陶器的发明（约26000年前），在制造技术上是一个重大的突破，它既能改变物件的性质，又能比较容易地塑造出便于使用的物体的形状，既具有新的技术意义，又具有新的经济意义。陶器的发明是人类最早利用化学变化改变天然性质的开端，是人类社会由旧石器时代发展到新石器时代的标志之一。

导图

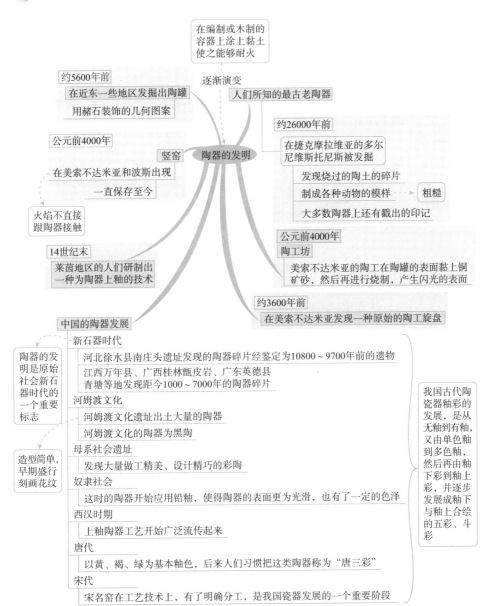

1.1.4　文字的使用

文字是从图画演变过来的，最早都是象形文字。从其种类来讲，可以分为以下三类：楔形文字——产生于约公元前3200年，是世界上最古老的文字；象形文字——起源于埃及，大约5000年前开始使用；甲骨文——公元前10世纪，中国的殷商时代兴起甲骨文。

导图

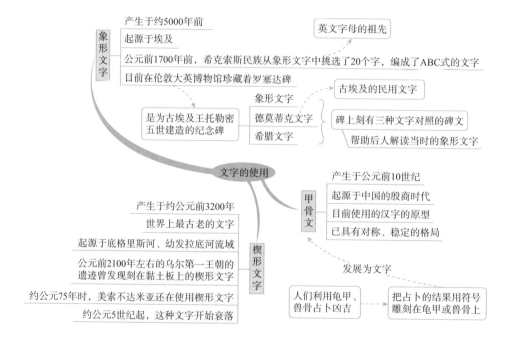

象形文字
- 产生于约5000年前
- 起源于埃及
- 公元前1700年前，希克索斯民族从象形文字中挑选了20个字，编成了ABC式的文字
- 目前在伦敦大英博物馆珍藏着罗塞达碑

英文字母的祖先

是为古埃及王托勒密五世建造的纪念碑

古埃及的民用文字

象形文字
德莫蒂克文字
希腊文字

碑上刻有三种文字对照的碑文
帮助后人解读当时的象形文字

文字的使用

甲骨文
- 产生于公元前10世纪
- 起源于中国的殷商时代
- 目前使用的汉字的原型
- 已具有对称、稳定的格局

楔形文字
- 产生于约公元前3200年
- 世界上最古老的文字
- 起源于底格里斯河、幼发拉底河流域
- 公元前2100年左右的乌尔第一王朝的遗迹曾发现刻在黏土板上的楔形文字
- 约公元75年时，美索不达米亚还在使用楔形文字
- 约公元5世纪起，这种文字开始衰落

发展为文字

人们利用龟甲、兽骨占卜凶吉

把占卜的结果用符号雕刻在龟甲或兽骨上

人物小史与趣事

仓颉

　　仓颉，又称苍颉，复姓侯刚，号史皇氏，轩辕黄帝史官，曾把流传于先民中的文字加以搜集、整理和使用，在汉字创造的过程中起了重要作用。他根据野兽的脚印研究出了汉字，为中华民族的繁衍和昌盛做出了不朽的功绩。但普遍认为汉字由仓颉一人创造只是传说，不过他可能是汉字的整理者，被后人尊为"造字圣人"。

　　仓颉的籍贯，据《万姓统谱·卷五十二》记载："上古仓颉，南乐吴村人，生而齐圣，有四目，观鸟迹虫文始制文字以代结绳之政，乃轩辕黄帝之史官也。"

> **★仓颉造字**

相传仓颉是黄帝时期的史官，黄帝分派他专门管理圈里牲口和屯里食物。日复一日，牲口、食物的储藏逐渐增加、变化，光凭脑袋已经记不住了，仓颉犯难了。于是，仓颉想出一个办法，在绳子上打结，用各种不同颜色的绳子，表示各种不同的牲口。但是，时间一久，就不奏效了。这增加数目在绳子上打个结很容易，而减少数目时，在绳子上解个结就比较麻烦。聪明的仓颉又想到了在绳子上打圈圈，在圈子里挂上各式各样的贝壳，来代替他所管的东西，增加了就添加一个贝壳，减少了就去掉一个贝壳。这法子比较管用，一连用了好几年。黄帝见仓颉这样能干，于是叫他管的事情也愈来愈多，年年祭祀的次数，回回狩猎的分配，部落人丁的增减，也统统让仓颉管理。仓颉又犯愁了，凭着添绳子和挂贝壳已经不管用了。怎么才能不出差错呢？

这一天，他参加集体狩猎，走到一个三岔路口时，几个老人在为往哪条路走争辩起来。一个老人坚持要往东，说有羚羊；一个老人说要往北，说前面不远可以追到鹿群；一个老人偏要往西，说有两只老虎，不及时打死，就会错过机会。仓颉上前一问，原来他们都是看着地下野兽的脚印才认定的。仓颉心中猛然一喜："既然一个脚印代表一种野兽，那我为什么不用一种符号来表示我所管的东西呢？"于是，他高兴地拔腿奔回家，开始创造各种符号来表示事物，果然，将事情管理得井井有条。黄帝知道后，大加赞赏，命令仓颉到各个部落去传授这种方法。渐渐地，这些符号的用法全推广开了。于是，就这样形成了文字。

1.2 💡 **交通与建筑**

1.2.1 **木船的发明**

船是一种历史悠久的水上运输工具。在石器时代（约公元前5000年）

就出现了最早的船——独木舟。后来，人们在船上装了船桨和帆，为船提供动力和控制力。再后来又出现了用蒸汽或柴油发动机提供动力的船。现在人们用太阳能和喷气式发动机作为船的动力，航行的速度已经可以达到50千米/时以上。

导图

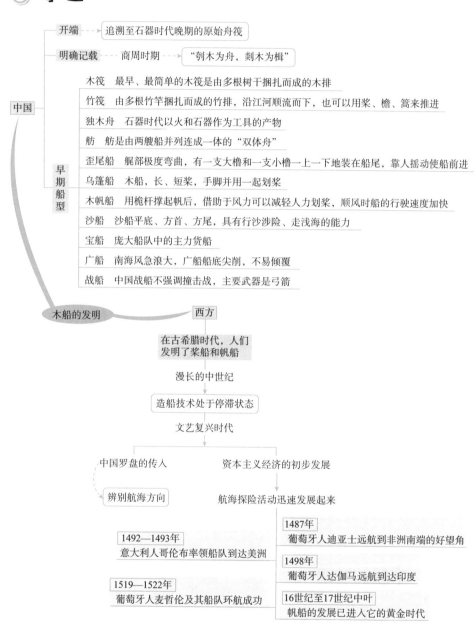

人物小史与趣事

★独木舟

原始人类通过不断实践和探索活动逐渐意识到，如果把一根树干的内部挖空，也可以在水中航行，而且航行起来更加方便和灵活。就这样，独木舟诞生了，这也就是中国古书中所说的"刳木为舟"。独木舟虽然比同体积大小的原木轻，但它却能够承载很大的重量。独木舟的重心较低，稳定性较好，不会像原木那样在流水中翻滚，可以平稳地漂浮在水面上，人们只要坐在独木舟里，就可以方便地拨水前进了。

> **知识链接**
>
> ### 阿基米德定律（浮力定律）
>
> 静止流体中的物体受到一个浮力，其大小等于该物体所排开的流体的重力，方向垂直向上并通过所排开流体的形心。
>
> $$F_{浮}=G_{排液}=\rho_{液}gV_{排液}$$

独木舟既可以用于浅水水域，又可以用于深水水域，由此可见，独木舟使用起来非常灵活。传说，大禹治水时就使用过独木舟。

1960年，在江苏省扬州市的施桥镇出土了一艘唐代的独木舟，长13.65米、宽0.75米、深0.56米。此船的船体狭长，船中安放了13道横梁和坐板。据考证，这可能是在当时的端午节上龙舟竞渡所用的船。在唐代，我国的内河与海洋上早已经有了闻名世界的中国式大型木帆船。这种加工精细的独木舟有着轻便、快捷的优点，因此在当时可能作为运动赛艇之用。独木舟的出现带动了划水工具的发明。独木舟不像浮具，坐在舟上的人用手划水前进比较困难，因此人们就造出了专门用来划水的工具，这就是桨。最初的桨，可能就是一根树枝或木棍。后来，人们才想办法将树木加工后做成桨，也就是我国古书中所说的"刳木为楫"。

在桨的使用过程中，人们发现狭长的独木舟如果两只并排连接起来，就可以大大提高它的稳定性。我国古代称为"舫"的船，就是并连的船，也称双体船。我国古代有不少双体船。1976年，在山东省平度县（今平度市）出土了一艘隋代的独木舟双体船。在当时，这是一个很大的进步。

1.2.2　铁的制造

铁在生活中分布较广，占地壳含量的4.75%，仅次于氧、硅、铝，位居地壳含量第四位。铁集中存在于铁矿石里。为了把铁从铁矿石里提炼出来，首先要把矿石用高温烧化。古时候的办法是在地上挖坑，坑里装上矿石和木柴，然后点火燃烧，矿石里的铁便熔化而和石质分离流出。在叙利亚北部的特尔沙贾巴扎发现了约公元前2700年的熔铁。

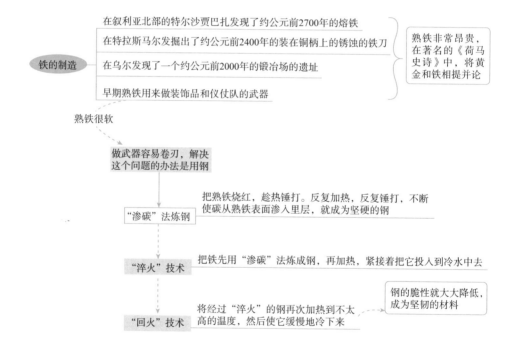

1.2.3　玻璃的发明

玻璃是一种常用材料，具有透光、透视、隔绝空气流通、隔声和隔热保温等性能。事实上，早在公元前2000年，美索不达米亚人就已开始生产简单的玻璃制品了，而真正的玻璃器皿则是于公元前1500年在埃及出现的。从公元前9世纪起，玻璃制造业日渐繁荣。

🎯 导图

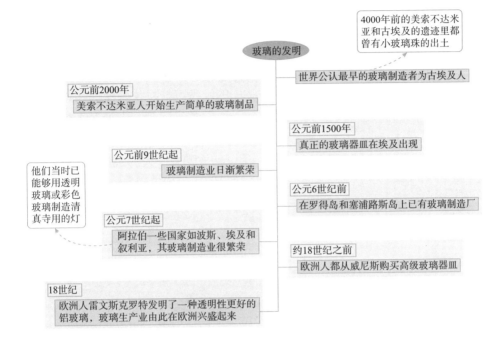

🎯 人物小史与趣事

★玻璃的形成

约3000多年前，一艘欧洲腓尼基人的商船，满载着晶体矿物"天然苏打"，航行在地中海沿岸的贝鲁斯河上。由于海水的落潮，商船搁浅了，于是船员们纷纷登上沙滩。有的船员还抬来大锅，搬来木柴，并且用几块"天然苏打"作为大锅的支架，在沙滩上做起饭来。

船员们吃完饭，潮水开始上涨了。他们正准备收拾一下登船继续航行时，突然有人高喊："大家快来看啊，锅下面的沙地上有一些晶莹明亮、闪闪发光的东西！"船员们将这些闪烁发光的东西带到船上仔细研究起来。他们发现，这些亮晶晶的东西上粘有一些石英砂和融化的天然苏打。原来，这些闪光的东西，是"天然苏打"在火焰的作用下，与沙滩上的石英砂发生化学反应而产生的物质，这就是最早的玻璃。后来，腓尼基人将石英砂和天然苏打和在一起，然后用一种特制的炉子熔化，制成玻璃球，这使腓尼基人发了一笔大财。

1.3　军事与科技

1.3.1　弓箭的出现

　　英国科技史家贝尔纳曾说："弓弦弹出的粗音可能是弦乐器的起源。所以弓对于音乐的科学方面和艺术方面均有贡献。"关于弓箭，中国古人有独特的理论，即"弓生于弹"（《吴越春秋·勾践阴谋外传》），弹指弹弓。在甲骨文中，弹字像一张弓，弦中部有一小囊，用以盛放弹丸。大约28000年前，中国人已经创造了弹弓。后来弹弓进一步发展为弓矢，用箭射击。

导图

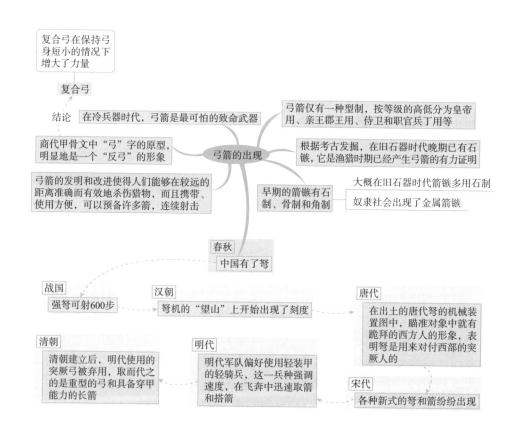

1.3.2　剑的发明

在古代社会生活中，剑作为一种武器似乎具有特殊的魅力。在文学描写中，宝剑常常成为某种超自然的象征物。在中世纪的史诗中，英雄人物对武器常常有一种感情上的依附。而剑则通常像人一样有专门的名称：罗兰的剑称为"杜伦达尔"，查理大帝的剑称为"齐尤斯"，亚瑟王的剑称为"伊克斯卡利巴"。剑之所以受到这样的重视，是因为它的制造需要很高的技术。在古代美塞尼的坟墓中发现了约公元前1650年的青铜剑。

导图

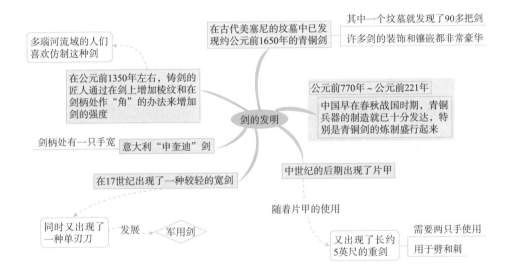

人物小史与趣事

★越王勾践剑

越王勾践剑是春秋晚期越国青铜器，是国家一级文物。因剑身被镀上一层含铬的金属而千年不锈。经过无损检测，其主要合金成分为铜、锡、铅、铁、硫等。花纹处含硫高，因硫化铜可防锈。

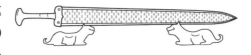

1965年12月，考古工作者在湖北江陵一座楚国的墓葬中，出土了600多件器物，其中就有这柄宝剑。在场考古工作者回忆，一名开采队员拿剑时不留神将手指割破，血流不止。有人再试其锋芒，稍一用力，便能将16层白纸划破。此剑长55.7厘米，宽4.6厘米，柄长8.4厘米，重875克，近剑格处有两行鸟篆铭文："越王鸠浅（勾践）自乍（作）用剑"八字，证明此剑就是传说中的越王勾践剑。越王勾践剑做工精美，显示出了铸剑师的卓越技艺。此剑寒气逼人、锋利无比，历经2400余年，仍然纹饰清晰精美，加之"物以人名"，历史文化价值很高。因此，此剑被世人誉为"天下第一剑"，堪称我国国宝。

越王勾践剑出现在湖北江陵楚国贵族墓，主要有两种意见：一种是"嫁妆说"，勾践曾将女儿嫁给楚昭王为姬，因此这柄宝剑很可能作为嫁女时的礼品到了楚国，后来楚王又将它赐给了某一个贵族，于是成了这位楚国贵族的随葬品；另一种是"战利品"，即公元前309年～公元前306年，楚国出兵越国时楚军缴获了此剑，带回了楚国，最终成了随葬品。

★吴王夫差剑

吴王夫差剑为春秋末期吴王夫差（公元前495年～公元前473年）在位时制造的一系列青铜剑，其剑身铸有"攻吴王夫差自作其元用"字样。吴王夫差剑已知存世量共有9柄（截至2014年5月）。1976年河南辉县出土的吴王夫差剑现藏于中国国家博物馆；山东平度发现的吴王夫差剑现藏于山东省博物馆；台湾古越阁藏有吴王夫差剑一把；1976年湖北襄阳出土的吴王夫差剑藏于湖北省博物馆。

1.3.3 火药的发明

火药是中国古代四大发明之一。在公元前6世纪的春秋时期，有一个名叫计然的人提到"消（硝）石出陇道""石流磺（硫黄）出汉中"。在他的启示下，后来又有许多著述家，在药物典籍中列举了硝石和硫黄的更多产地。硝石和硫黄产地的不断发现，引起了药物学家和医家们的重视。在中国的秦汉之际，医药学蓬勃发展，人们发现了硝石、硫黄、木炭这些在后来成为炼制火药所必需的重要原料，为火药的发明奠定了重要的基础。在唐初，著名医药学家孙思邈已认识并掌握了硝石、硫黄、木炭混合在一起能发生异常猛烈的燃烧这一特点。为了控制这种猛烈的燃烧，他发明了著名的

"伏硫黄法"。虽然孙思邈的主要目的在于伏硫黄，但事实上他已制取了最初的火药。

导图

发现了硝石、硫黄、木炭 ----- 奠定基础 -----> 火药的发明

医药学发展

源于中国古代炼丹术的发展

秦汉之际

西汉初年 — 炼丹术士们为了炼制所谓长生不死之药的金丹，对一些最基本的化学元素及其化学反应进行了艰苦探索

东汉末年 — 魏伯阳写成世界上最早的炼丹专著《周易参同契》

西晋末年 — 葛洪又写成了《抱朴子》一书

南北朝时代 — 陶弘景也进行过广泛的药物学与炼丹术研究

> 在长达数百年的艰苦探索中，炼丹术士们逐渐认识到包括硝石、硫黄、木炭等在内的一些化学元素的基本性质及其反应规律

火药的发明

唐初，孙思邈认识并掌握了硝石、硫黄、木炭混合在一起能发生异常猛烈的燃烧这一特点 — 发明 -> "伏硫黄法" -> 制取了最初的火药

火药发明后，在唐德宗年间即用于战争 — 最初只是利用其燃烧性能

北宋初年，火药的发展进入了它在古代的昌盛时期 — 宋初成书的《武经总要》一书中，曾明确载有毒药烟球、葵藜火球、火炮这三种火药武器所使用的火药配方

北宋末年，在战争中已开始使用"霹雳炮""震天雷"之类的爆炸力较强的新式火器

大约在南宋末年，火药由商人经印度传入阿拉伯国家 — 13世纪后期 — 希腊人通过阿拉伯人的著作知道了火药

欧洲最早提到火药的是中世纪后期的著名科学家罗吉尔·培根 — 火药传入欧洲时，正值欧洲中世纪"千年暗夜"的末期 ----- 用于战争

直到18世纪末和19世纪初，由于无机化学的进一步发展和有机化学的诞生，火药的发展才出现了新的趋向

人物小史与趣事

孙思邈

　　孙思邈，京兆华原（今陕西省铜川市耀州区）人，唐代著名医药学家，被后人尊称为"药王"。

　　西魏大统七年（541年），孙思邈出生于一个贫穷的农民家庭，从小就聪明过人，受到老师的器重，长大后爱好道家老庄学说，隐居陕西终南山中。

　　孙思邈十分重视民间的医疗经验，不断积累走访，及时记录下来，终于完成了他的著作《千金要方》。唐朝建立后，孙思邈接受朝廷的邀请，与政府合作开展医学活动。公元659年完成了世界上第一部国家药典《唐新本草》。

★火药的发明历程

　　火药的发明，源于我国古代炼丹术的发展。在中国的秦汉之际，由于医药学的发展，人们发现了硝石、硫黄、木炭这些在后来成为炼制火药所必需的重要原料，为火药的发明奠定了重要基础。东汉末年，魏伯阳写成世界上最早的炼丹专著——《周易参同契》。西晋末年，葛洪又写成了《抱朴子》。南北朝时期的陶弘景也进行过广泛的药物学与炼丹术研究。正是在长达数百年的艰苦探索中，炼丹术士们逐渐认识到包括硝石、硫黄、木炭等在内的一些化学元素的基本性质及其反应规律。

　　炼丹者对于硫黄、砒霜等具有剧毒的金石药，在使用之前，常常用烧灼的办法"伏"一下，"伏"是降伏的意思，使毒性失去或降低，这种工序称为"伏火"。唐初的名医孙思邈在《丹经内伏硫黄法》中记载：硫黄、硝石各二两，

研成粉末，放在销银锅或砂罐子里。掘一地坑，放锅子在坑里和地平，四面都用土填实。将没有被虫蛀过的三个皂角逐一点着，然后夹入锅里，将硫黄和硝石烧起焰火。等到烧不起焰火了，再拿木炭来炒，炒到木炭消去1/3，就退火，趁还没冷却，取入混合物，这就伏火了。

唐朝中期，有个名叫清虚子的，在"伏火矾法"中提出了一个伏火的方子："硫二两，硝二两，马兜铃三钱半。右为末，拌匀。掘坑，入药于罐内与地平。将熟火一块，弹子大，下放里内，烟渐起。"他用马兜铃代替了孙思邈方子中的皂角，这两种物质代替炭起到燃烧作用的。伏火的方子中都含有碳素，而且伏硫黄要加硝石，伏硝石要加硫黄。这就说明炼丹者有意要使药物引起燃烧，以去掉它们的毒性。

唐代的炼丹者已经掌握了一个很重要的经验，就是硫、硝、炭三种物质可构成一种极易燃烧的药，这种药被称为"着火的药"，即火药。由于火药的发明来自制丹配药的过程中，在火药发明后，曾被当作药类。《本草纲目》中就提到火药能治疮癣、杀虫，辟湿气、瘟疫。

火药不能解决长生不老的问题，而且容易着火，因此炼丹者对它并不感兴趣。火药的配方由炼丹者转到军事家手里，就成为中国古代四大发明之一的火药。

火药爆炸原理

由硝酸钾、硫黄、炭等物质混合形成的混合物，加热后（点火）迅速发生化学反应（氧化还原反应），产生大量气体和热量而剧烈膨胀。

$$2KNO_3+S+3C \xrightarrow{\triangle} K_2S+N_2+3CO_2$$

1.3.4　火炮的发明

中国是最早发明火炮的国家。早在元朝时，作为管形火器的竹管已开始被金属管所代替。先前以粗毛竹制作的突火枪，也变成了用金属做的大型火铳。这种用金属制作的大型火铳，就是早期的火炮。中国国家博物馆中展出的元代至顺三年（1332年）制造的青铜铸炮，重6.94千克，长35.37厘米，口径105毫米。

导 图

火炮的发明

中国的火药和火器西传以后，火炮在欧洲开始发展

14世纪上半叶
欧洲开始制造出发射石弹的火炮

1346年
克雷西会战时，英国国王爱德华三世统帅的部队使用了短管射石炮

1350年
火器已流传到西欧、南欧和中欧各国

1378年
德国制成了铸铜炮和铸锡炮

15世纪
开始出现带炮耳的火炮

有两个短轴装置在炮管平衡点上围绕该点可使炮管俯仰

18世纪
火炮技术取得了惊人的进展

1736年
法国的古里鲍巴尔对火炮做了重大改进

18世纪中叶
普鲁士王腓特烈和法国炮兵总监格里博沃尔曾致力于提高火炮的机动性和标准化

19世纪中叶以前
火炮一般是滑膛前装炮，发射实心球弹，部分火炮发射球形爆炸弹、霰弹和榴霰弹

1807年
英国旗舰"胜利号"上曾用滑轮和重锤来限制火炮的后坐力

19世纪末期
出现了反后坐装置，炮身通过反后坐装置与炮架相连接，这种火炮的炮架称为弹性炮架

1897年
影响最大的是法国式75毫米野战炮

具有两种重要功能的液压气动式反后坐装置

20世纪初
火炮开始进入多样化、专业和性能全面提高的大发展时期

1912年
德国制成的420毫米榴弹炮，最大射程9300米

1917年
法国220毫米加农炮，最大射程达22公里

20世纪30年代
火炮性能进一步改善

通过改进弹药、增大射角、加长射管等途径增大了射程

轻榴弹炮射程增大到12公里左右

重榴弹炮射程增大到15公里左右

150毫米加农炮增大到20～25公里

炮闩和装填机构的改进，提高了发射速度

普遍实行机械牵引，减轻火炮重量，提高了火炮的机动性

第二次世界大战

飞机提高了飞行高度，出现了大口径高射炮、近炸引信和包括炮瞄雷达在内的火控系统

坦克和其他装甲目标成了军队的主要威胁，又出现了无后坐力炮和威力更大的反坦克炮

1.4 ☀ **农业与生活**

1.4.1　鱼钩的发明

在欧洲，鱼钩在大约1万年前的新石器时代就出现了。在黑海和亚德里亚海之间的勒平斯基维尔有个沿河的居民点，考古学家在这里发掘到大堆的厨房垃圾，其中包括许多鱼骨。鱼钩也在这大堆发掘物中被发现。

导图

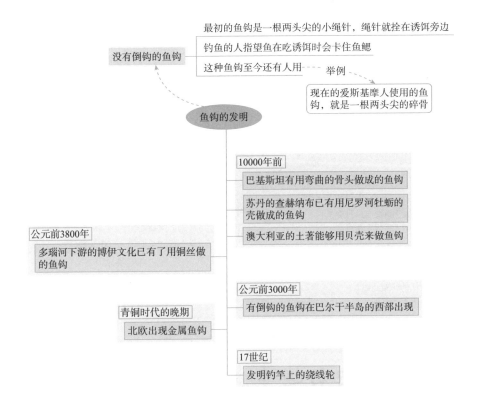

1.4.2　纽扣的发明

纽扣的出现，是一个重要发明。它不仅是许多衣服上不可少的功能扣件，而且是重要的装饰品。据有关资料介绍，在公元前4000年就有了纽扣。在印度河流域的莫亨乔达罗发现了一个用贝壳雕琢成的护身符，护身符上穿了两个孔，这很可能是早期的纽扣形式。

导 图

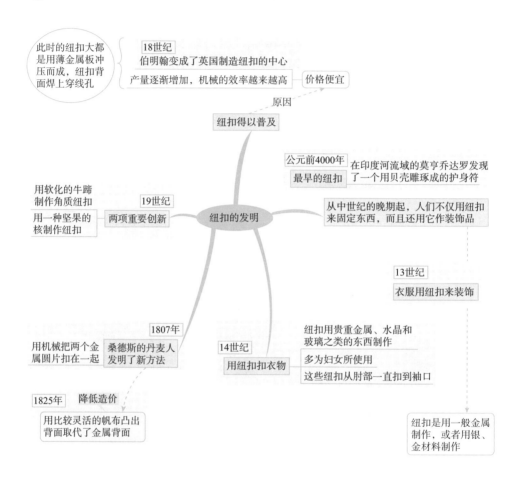

此时的纽扣大都是用薄金属板冲压而成，纽扣背面焊上穿线孔

18世纪
伯明翰变成了英国制造纽扣的中心
产量逐渐增加，机械的效率越来越高 → **价格便宜**

原因

纽扣得以普及

公元前4000年
最早的纽扣 在印度河流域的莫亨乔达罗发现了一个用贝壳雕琢成的护身符

用软化的牛蹄制作角质纽扣
用一种坚固的核制作纽扣

19世纪
两项重要创新

纽扣的发明

从中世纪的晚期起，人们不仅用纽扣来固定东西，而且还用它作装饰品

13世纪
衣服用纽扣来装饰

用机械把两个金属圆片扣在一起

1807年
桑德斯的丹麦人发明了新方法

14世纪
用纽扣扣衣物

纽扣用贵重金属、水晶和玻璃之类的东西制作
多为妇女所使用
这些纽扣从肘部一直扣到袖口

1825年 降低造价
用比较灵活的帆布凸出背面取代了金属背面

纽扣是用一般金属制作，或者用银、金材料制作

人物小史与趣事

> **★纽扣的故事**

在我国纽扣最早可以追溯到1800年前，最初的纽扣主要是石纽扣、木纽扣、贝壳纽扣，后来发展到用布料制成的带纽扣、盘结纽扣。盘结纽扣在我国

服装发展历史上起了重要的作用，由最初的服装功能扣件向服装装饰过渡。中式盘扣是我国传统服饰的纽扣的主要形式，是用各种布料缝成细条，盘结成各种各样形状的花式纽扣。中式盘扣造型优美，做工精巧，宛如千姿百态的工艺品，在我国服饰百花园中独树一帜。中式盘扣除了具有与其他纽扣同样的使用价值外，较多地用来装饰和美化服装，特别是应用于民族服装上，更加体现出服装的美感。给人印象最深的就是"唐装"上的盘扣。

根据我国考古发现，在春秋战国时期，我国就有对纽扣的使用。云南晋宁石寨山出土的战国文物中，就已经有用蓝、苹果绿、浅灰色的绿松石做成的圆、椭圆、动物头状和不规范形状的纽扣。每颗均有一二个小孔。有的镂刻花纹，造型别致，艳丽多彩，具有美妙的蜡光光泽。在现在的纽扣藏品中，仍有用小石块、贝片、动物角、核桃、椰壳制作的简单纽扣。这说明我们华夏民

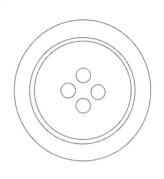

族在周朝、春秋战国时期，就已经有人使用纽扣。16世纪，中国人把纽扣传到了欧洲，当时只有男人使用，女性使用者较少，大多数人只是用于服饰。一些达官贵人为了显示自己的富有，用珍贵的金银、珍珠、宝石、犀角、羚羊角或象牙等贵重的材料，做成纽扣使用。法国有国王路易十四使用1.3万枚珍贵纽扣镶做一件王袍的记载。

在古罗马，最初的纽扣是用来作装饰品的，而系衣服用的是饰针。到13世纪，纽扣的作用才与今天相同。那时人们已经懂得在衣服上开扣眼，这种做法大大提高了纽扣的实用价值。16世纪，纽扣得到了普及。

随着时代的发展，纽扣从材质到形状以及制作工艺都越来越丰富多彩。资料显示：清代衣服上的纽扣，大多为铜制的小圆扣，大的有如榛子，小的有如豆粒，民间大多用素面，即表面光滑无纹。宫廷贵族则大多用大颗铜扣或铜鎏金扣、金扣、银扣，纽扣上常常镂刻或镂雕各种纹饰，如盘龙纹、飞凤纹以及花纹。纽扣的钉法也不一样，有单排、双排或三排。乾隆以后，纽扣的制作工艺日趋精巧，衣用纽扣也越来越讲究，以各种材质制作的各式纽扣纷纷应市，斗胜争奇，应有尽有。比如有镀金扣、镀银扣、螺纹扣、烧蓝扣、料扣等。另外，贵重的还有白玉佛手扣、包金珍珠扣、三镶翡翠扣、嵌金玛瑙扣以及珊瑚扣、蜜蜡扣、琥珀扣等等，甚至还有钻石纽扣。纽扣的纹饰也丰富多样，比如折枝花卉、飞禽走兽、福禄寿禧，甚至十二生肖等等，可以说无所不有、五花八门。

世界最大的纽扣是用泰国红木制成的，直径1.8米，厚0.18米，重420.2公斤，被称为"纽扣王"。

1.4.3 水井的发明

水是人类赖以生存的宝贵资源，在没有学会挖井之前，人类只能是逐水而居，这大大限制了人类活动的范围，而自从有了井，人类的足迹便踏遍海角天涯。

导图

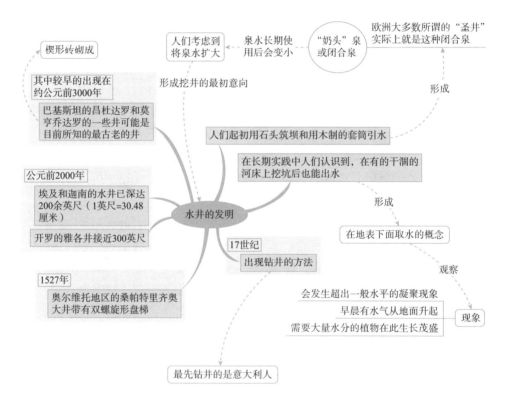

1.4.4 水时钟的发明

水时钟是古代埃及人创造的一种计时装置。它出现于公元前1400年，如今开罗博物馆还珍藏有水时钟的实物。我国古代叫作漏壶或刻漏的东西，也就是水时钟。

导图

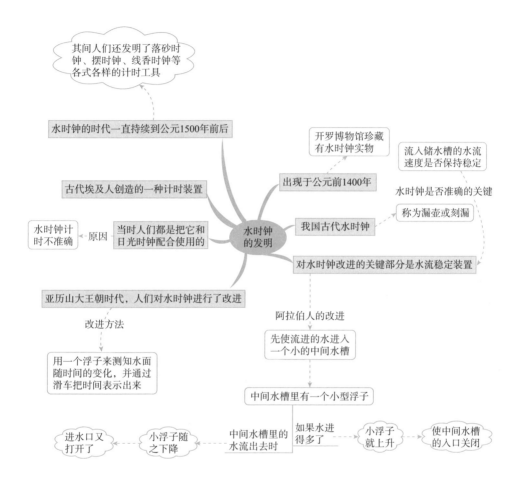

1.4.5　指南针的发明

指南针发明之前，人类在茫茫大海中航行常常会迷失方向，造成不可想象的后果。中国人发明了指南针，使人类航行有了方向。指南针是中国古代四大发明之一。早在春秋战国时期（公元前300年），人们就对磁现象有了深刻的认识。古代中国人认为，磁石吸铁，有如慈母怀子，因此在先秦的许多文献中，多将"磁石"写作"慈石"。战国后期的哲学家韩非的著作中，不但有关于磁现象的记载，而且有把磁性用于辨别方位的记载。在那时人们已开始用磁石来制造最初的罗盘。

导 图

部分文献记载
- 北宋《萍州可谈》（朱彧）—— "舟师识地理，夜则观星，昼则观日，阴晦则观指南针"
- 南宋《梦梁录》（吴自牧）—— "风雨冥晦时，唯凭针盘而行，乃火长掌之，毫厘不敢差误，盖一舟人命所系也"
- 东汉《论衡》（王充）—— "司南之杓，投之于地，其柢指南"
- 北宋《梦溪笔谈》（沈括）—— 制作方法 "取新纩中独茧缕，以芥子许腊缀于针腰，无风处悬之，则针常指南。其中有磨而指北者。予家指南、北者皆有之。磁石之指南，犹柏之指西，莫可原其理"

指南针的发明

在汉、唐时代，指南针多用于迷信的"看风水"活动 —— 公元11世纪 指南针开始用在航海上

最初的指南针
- 用天然磁石制成
- 样子像只勺子，圆底
- 可在平滑面上自由旋转 —— 静止时，勺柄指向南方
- 古人称之为"司南"

发展到新阶段 —— 西汉以后，形如勺的司南已基本发展成为具有近代形式的指南针

指南针大约出现在战国时期

指南针是中国古代四大发明之一 —— 四大发明
- 指南针
- 造纸术
- 火药
- 印刷术

11世纪
我国与阿拉伯之间海上贸易逐渐发展 —— 通过南海航路传到印度 —— 从印度传到阿拉伯 —— 从阿拉伯传入欧洲

1205年
法国人古约在研究中国指南针制作技术的基础上，试制出了欧洲最早的指南针

15世纪
由于罗盘制作技术在欧洲的普及，罗盘被广泛地用于海上探险活动

1492年
意大利人哥伦布在航海时发现了磁偏角

16世纪
卡尔达诺完成了关于罗盘装置，即所谓的"卡尔达诺装置"的重要发明

人物小史与趣事

王充

王充，东汉唯物主义哲学家、无神论者。字仲任，汉族，会稽上虞（今属浙江）人。

王充以道家的"自然无为"为立论宗旨，以"天"为天道观的最高范畴。他以事实验证言论，弥补了道家空说无着的缺陷，是汉代道家思想的重要传承者与发展者。

王充思想虽属于道家却与先秦的老庄思想有严格的区别，虽是汉代道家思想的主张者，却与汉初王朝所标榜的"黄老之学"以及西汉末民间流行的道教均不同。《论衡》是王充的代表作品，也是中国历史上一部不朽的唯物主义哲学著作。

曾公亮

曾公亮，字明仲，号乐正，汉族，泉州晋江（今福建泉州市）人。北宋著名政治家、文学家，刑部郎中曾会次子。

仁宗天圣二年进士，仕仁宗、英宗、神宗三朝，历官知县、知州、知府、知制诰、翰林学士、端明殿学士、参知政事、枢密使和同中书门下平章事等。封兖国公、鲁国公，卒赠太师、中书令，配享英宗庙廷，赐谥宣靖。为昭勋阁二十四功臣之一。

曾公亮与丁度承旨编撰的《武经总要》，为中国古代第一部官方编纂的军事科学百科全书。

沈括

沈括，字存中，号梦溪丈人，汉族，浙江杭州钱塘县人，北宋政治家、科学家。

沈括一生致力于科学研究，在众多学科领域都有很深的造诣和卓越的成就，被誉为"中国整部科学史中最卓越的人物"。其名作《梦溪笔谈》，内容丰富，集前代科学成就之大成，在世界文化史上有着重要的地位。

《梦溪笔谈》是沈括所著的有关我国古代科学技术的著作，书中谈到磁学和指南针的一些问题。

★指南针的始祖——司南

指南针的始祖大约出现在我国战国时期。古人称它为"司南"。司南是利用整块天然磁石经过琢磨制成勺形，圆底，并使整个勺的重心恰好落到勺底的正中并且保持平衡，勺置于光滑的地盘之中，且可以自由旋转。地盘外方内圆，四周刻有干支四维，合成二十四向。当司南静止时，勺柄就会指向南方。这样的设计是古人认真观察了许多自然界有关磁的现象，积累了大量的知识和经验，经过长期的研究后才完成的。司南的出现是人们对磁体指极性认识的实际应用。但司南也具有许多缺陷，天然磁体不易找到，在加工时容易因打击、受热而失磁。因此，司南的磁性比较弱，而且它与底盘接触处要非常光滑，否则会因转动摩擦阻力过大，而难以旋转，无法达到预期的指南效果。而且司南有一定的体积和重量，携带很不方便，这也可能是司南长期未得到广泛应用的主要原因。

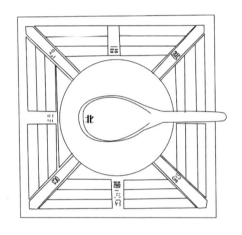

★指南针的发明故事

古代民间，常用薄铁叶剪裁成鱼形，鱼的腹部略下凹，如同一只小船，磁化后浮在水面，就能指南北。当时以此作为一种游戏。在北宋时，曾公亮在《武经总要》记载有制作和使用指南鱼的方法："用薄铁叶剪裁，长二寸，阔五分，首尾锐如鱼形，置炭火中烧之，候通赤，以铁钤钤鱼首出火，以尾正对子位，蘸水盆中，没尾数分则止，以密器收之。用时，置水碗于无风处平放，鱼在水面，令浮，其首常向午也。"这是一种人工磁化的方法，它主要利用地球磁场使铁片磁化。即将烧红的铁片放置在子午线的方向上。烧红的铁片内部分子处于比较活跃的状态，使分子顺着地球磁场方向排列，从而达到磁化的目的。蘸入水中，可以把这种排列较快地固定下来，而鱼尾略向下倾斜可增大磁化程度。人工磁化方法的发明，对指南针的应用和发展起了巨大的作用。在磁学和地磁学的发展史上也是一件大事。

　　北宋的沈括在《梦溪笔谈》中提到另一种人工磁化的方法："方家以磁石磨针锋，则能指南。"按照沈括的说法，当时的技术人员用磁石去摩擦缝衣针，就能够使针带上磁性。以现在的观点来看，这是一种利用天然磁石的磁场作用，使钢针内部磁场的排列趋于某一方向，从而使钢针显示出磁性的方法。沈括还在《梦溪笔谈》中谈到了摩擦法磁化时产生的各种现象："以磁石磨针锋，则锐处常指南，亦有指北者，恐石性亦不……，南北相反，理应有异，未深考耳。"这就是说，用磁石去摩擦缝衣针后，针锋有时指南，也有时指北。以现在的观点来看，磁石都有南和北两个极，磁化时缝衣针针锋的方位不同，则磁化后的指向也就不同。但沈括并不知道这个道理，他真实地记录了这个现象并且坦白承认自己没有做深入思考，以期望后人能进一步探讨。

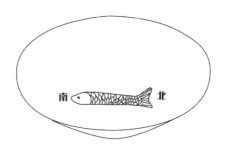

　　关于磁针的装置方法，沈括介绍了四种方法：
　　①水浮法——将磁针上穿几根灯心草浮在水面，就可以指示方向。

②碗唇旋定法——将磁针搁在碗口边缘，磁针可以旋转，指示方向。

③指甲旋定法——把磁针搁在手指甲上面，由于指甲面光滑，磁针可以旋转自如，指示方向。

④缕悬法——在磁针中部涂一些蜡，粘一根蚕丝，挂在没有风的地方，就可以指示方向了。

沈括还对上述四种方法做了比较。他指出，水浮法的最大缺点，是水面容易晃动影响测量结果。碗唇旋定法和指甲旋定法，由于摩擦力比较小，转动很灵活，但容易掉落。沈括比较推荐的是缕悬法，他认为这是比较理想而又切实可行的方法。事实上，沈括指出的四种方法已经归纳了迄今为止指南针装置的两大体系——水针和旱针。

知识链接

指南针原理

地球是个大磁体，其地磁南极在地理北极附近，地磁北极在地理南极附近。指南针在地球的磁场中受磁场力的作用，所以会一端指南一端指北。

1.4.6　纸的发明

纸的发明在人类历史上所起的作用无论如何强调都不过分。这是因为，人类文化的发展，全靠世代流传和不断积累，而传播和积累都离不开纸。最早的纸并不是人们有意研制成功的，而是对生产中的副产品加以利用和改进的结果。西汉初年，政治稳定，思想文化十分活跃，对传播工具的需求旺盛，纸作为新的书写材料应运而生。许慎所著《说文解字》，成书于公元100年。关于纸的来源，他说："'纸'从旁系，也就是'丝'旁"。中国很早就开始用蚕茧制成丝绵，人们先把蚕茧煮后铺在席上，再把席浸在水里，捣烂蚕茧制成丝绵。丝绵取下以后，席上还留下一层薄薄的丝纤维，晒干后就成为纸，这种纸叫絮纸。公元105年，蔡伦改进了造纸技术。他总结了西汉以来造纸的经验，进行了大胆的试验和革新。他用树皮、麻头及敝布、渔网等原料，经过挫、捣、抄、烘等工艺制造的纸，是现代纸的前身。这种纸，原料容易找到，又很便宜，质量也提高了，逐渐被普遍使用。为纪念蔡伦的功绩，后人把这种纸称为"蔡侯纸"。

🎯 导 图

漂絮法 ← 操作要点 → 把蚕茧煮后铺在席上，再把席浸在水里，捣烂蚕茧制成丝绵 → 丝绵取下以后，席上还留下一层薄薄的丝纤维，晒干后就成为纸，这种纸叫絮纸

处理次茧的方法

秦汉时期以次茧做丝绵的手工业十分普及

打浆和脱胶技术

中国古代常用石灰水或草木灰水为麻脱胶 → 启示 → 造纸中为植物纤维脱胶

1933年在新疆罗布泊古烽燧亭中发现西汉古纸，年代不晚于公元前49年

1957年在陕西西安市灞桥出土西汉麻纸，年代不晚于公元前118年

1978年在陕西扶风中延村出土西汉宣帝时期（公元前73年～公元前49年）麻纸

1979年在甘肃敦煌马圈湾西汉烽燧遗址出土西汉麻纸

1986年在甘肃天水放马滩出土的西汉文帝时期（公元前179年～公元前141年）的纸

总结经验

纸的发明

公元2世纪

公元105年

蔡伦改进了造纸技术

既加快了纤维的离解速度，又使植物纤维分解得更细更散

利用树皮、麻布、麻头及渔网等原料 原料

除淘洗、碎切、泡沤原料之外，开始用石灰进行碱液烹煮 技术

我国各地推广

公元3～4世纪

基本取代帛、简，促进科学文化传播

公元3～6世纪

魏晋南北朝造纸技术革新

原料 扩展到用桑皮、藤皮造纸
设备 出现更多的活动帘床纸模
技术 加强了碱液蒸煮和捶捣
出现色纸、涂布纸、填料纸等加工纸

继承西汉造纸技术

公元6～10世纪

隋唐五代时期

我国除麻纸、楮皮纸、桑皮纸、藤纸外，还出现了檀皮纸、瑞香皮纸、稻麦秆纸和新式竹纸

造纸技术先传到朝鲜和越南

7世纪

又从朝鲜传入日本

公元10～18世纪

宋元和明清时期

楮皮纸、桑皮纸等皮纸和竹纸特别盛行

阿拉伯人在撒马尔汗等地建立第一批造纸工场，它们的造纸技术是由我国造纸工人亲自传授

8世纪中叶

从中亚传到阿拉伯

公元751年起，阿拉伯人垄断欧洲的纸市场有400多年

1212年

罗马教廷征服了伊斯兰教统治下的西班牙，造纸厂在欧洲迅速发展起来

1150年

阿拉伯人征服西班牙，在那里开设了造纸厂

人物小史与趣事

蔡伦

蔡伦，字敬仲，东汉桂阳郡人。汉明帝永平末年入宫给事，章和二年（公元88年），蔡伦因有功于太后而升为中常侍，蔡伦又以位尊九卿之身兼任尚方令。

蔡伦总结以往人们的造纸经验革新造纸工艺，终于制成了"蔡侯纸"。

蔡伦的造纸术被列为中国古代四大发明之一，对人类文化的传播和世界文明的进步做出了杰出的贡献，千百年来备受人们的尊崇，被纸工奉为造纸鼻祖、"纸神"。

2008年北京奥运会开幕式，特别展示了蔡伦发明的造纸术。

★ "蔡侯纸"

在造纸术发明的初期，造纸的原料主要是树皮和破布。当时的破布主要是麻纤维，品种主要是苎麻。据称，棉是在东汉初期，与佛教同时由印度传入我国的，后期用于纺织。当时所用的树皮主要是檀木和构皮（即楮皮）。最迟在公元前2世纪时的西汉初年，纸已经在中国问世。最初的纸是用麻皮纤维或麻类织物制造的，由于造纸术尚处于初期阶段，工艺简陋，所造出的纸张质地粗糙，夹带着较多未松散开的纤维束，表面不平滑，不适宜书写，通常只用于包装。直到东汉和帝时期，经过了蔡伦的改进，形成了一套较为固定的造纸工艺流程，其过程大致可归纳为四个步骤：

①原料的分离，用沤浸或蒸煮的方法让原料在碱液中脱胶，并且分散成纤维状；

②打浆，用切割和捶捣的方法切断纤维，并且使纤维帚化而成为纸浆；

③抄造，把纸浆渗水制成浆液，然后用捞纸器（篾席）捞浆，使纸浆在捞纸器上交织成薄片状的湿纸；

④干燥，把湿纸晒干或晾干，揭下就成为纸张。

蔡伦挑选出树皮、破麻布及旧渔网等，让工匠们将它们切碎剪断，然后放在一个大水池中进行浸泡。过了一段时间之后，其中的杂物烂掉了，而纤维却不易腐烂，保留了下来。他再让工匠们将浸泡过的原料捞起，放入石臼中，不停地搅拌，直到它们成为浆状物，然后再用竹篾将这些黏乎乎的东西挑起来，等干燥后揭下来就变成了纸。蔡伦带领着工匠们反复试验，终于试制出了既轻薄柔韧，材料又来源广泛、价格低廉的纸。

元兴元年（公元105年），蔡伦向汉和帝献纸，他将造纸的方法写成奏折，连同纸张呈献给汉和帝，得到了汉和帝的赞赏，于是汉和帝便诏令朝廷内外使用并且推广，朝廷各官署、全国各地都视作奇迹。由于在全国各地逐步推行的新造纸方法是蔡伦发明的，因此人们便将这种纸称为"蔡侯纸"。蔡伦的造纸术沿着丝绸之路经过中亚、西欧向整个世界传播，为世界文明的传承与发展做出了不可磨灭的贡献。

1.4.7　地动仪的发明

地动仪是一种监视地震的发生、记录地震相关参数的仪器。我国东汉时期的科学家张衡，在公元132年就制成了世界上最早的地动仪。

导图

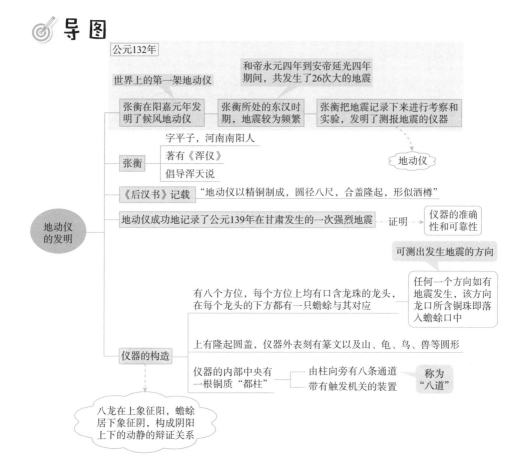

人物小史与趣事

张衡，字平子。汉族，南阳西鄂（今河南南阳市石桥镇）人，南阳五圣之一，与司马相如、扬雄、班固并称汉赋四大家。中国东汉时期伟大的天文学家、数学家、发明家、地理学家、文学家，在东汉历任郎中、太史令、侍中、河间相等职。晚年因病入朝任尚书，于永和四年（139年）逝世，享年62岁。北宋时被追封为西鄂伯。

张衡在天文学方面著有《灵宪》《浑仪》等，数学著作有《算罔论》，文学作品以《二京赋》《归田赋》等为代表。《隋书·经籍志》有《张衡集》14卷，久佚。明人张溥编有《张河间集》，收入《汉魏六朝百三家集》。张衡为中国天文学、机械技术、地震学的发展做出了杰出的贡献，发明了浑天仪、地动仪，是东汉中期浑天说的代表人物之一。由于他的贡献突出，联合国天文组织将月球背面的一个环形山命名为"张衡环形山"，太阳系中的1802号小行星命名为"张衡星"。后人为纪念张衡，在南阳修建了张衡博物馆。

★张衡数星星

张衡从小就爱思考问题，对周围的事物总要寻根究底，弄个水落石出。在一个夏天的晚上，张衡和爷爷、奶奶在院子里乘凉。他坐在一张竹床上，仰着头，看着天空，还不时举手指指划划，认真地数星星。

张衡对爷爷说："我数的时间久了，看见有的星星位置移动了，原来在天空东边的，偏到西边去了。有的星星出现了，有的星星又不见了。它们是在移动吗？"

爷爷说："星星确实是会移动的。你要认识星星，先要看北斗星。你看那边比较明亮的七颗星，连在一起就像一把勺子，很容易找到……"

"噢！我找到了！"张衡兴奋地问道："那么，它是怎样移动的呢？"

爷爷想了想说："大约到半夜，它就移到上面，到天快亮的时候，这北斗就翻了一个身，倒挂在天空……"这天晚上，张衡一直睡不着，他几次爬起来看北斗星。当他看到那排成勺子样的北斗星果然倒挂着时，非常高兴！他心想："这北斗星为什么会这样转来转去呢？"天一亮，他便赶去问爷爷，谁知爷爷也讲不清楚。于是，他带着这个问题，读天文书去了。

后来，张衡长大了，皇帝得知他文才出众，便把张衡召到京城洛阳担任太史令，主要是掌管天文历法的事情。为了探明自然界的奥秘，张衡常一个人关在书房里读书、研究，还常站在天文台上观察日月星辰。他创立了"浑天说"，并根据"浑天说"的理论，制造了浑天仪。这个大铜球装在一个倾斜的轴上，利用水力转动，它转动一周的速度恰好与地球自转一周的速度相等。而且在这个人造的天体上，可以准确地看到太空的星象。

★知识渊博的"南阳通人"

当张衡在家读书时，也就是汉安帝永初二年（公元108年），张衡的同乡——大将军邓骘要征聘他当自己的幕僚。但是，张衡并不愿意去为大官僚装潢门面，他要做一个有扎实学问的人，因此邓骘的几次征召，张衡都婉言谢绝了。张衡潜心研究了西汉末年大辞赋家扬雄的《太玄经》，这部书引起了他极大的兴趣，使得他由文学创作转到对科学、哲学的研究上来。

《太玄经》是仿《易经》的体裁而作的，其中的道理很深，文字也难懂，学者们很少有敢于问津的。张衡如醉如痴且夜以继日地读《太玄经》，不断为扬雄的深刻哲理而赞叹，并且埋头注释《太玄经》。张衡一字一句深究细考，体会着扬雄的微言大义，并且作了《玄图》，形象地解释玄理。现在看来，扬雄的"太玄"属于二元论的思想体系。但他指出，事物不是固定不变的，而是有发展、有变化的。这种辩证唯物思想倾向对张衡的影响很大。

《太玄经》中还涉及很多天文、历算等方面的知识，这些知识引起了张衡浓厚的兴趣。但这些知识在《太玄经》中讲解得都很简略，这对"为一物不知以为耻"的张衡来说，是不能够满足的，进而激起了他进一步钻研、探讨的欲望。从那以后，张衡苦读三年，逐字逐句地琢磨《太玄经》，直到弄懂、弄通为止，为研究天文、历算等自然科学问题垫定了理论基础。

与此同时，张衡还精心研究了《墨经》。《墨经》是墨子后学进一步发展墨子思想学说的重要著作之一，它概括了墨家关于认识论、逻辑学、经济学与自然科学的研究成果，其中包括我国最早的关于几何学、力学与光学方面的相关知识。自从汉武帝"罢黜百家、独尊儒术"以来，墨家经典早已经湮没无闻，仕途利禄之人绝不问津，而张衡却能够冲破儒家经典的束缚。他为了求得切实的学问，无所不学，获得了丰富的知识。

张衡对地理科学也很有研究，他还曾画过地形图。据唐代画家张彦远《历代名画记》记载："衡尝作地形图，至唐犹存。"

张衡的名气越来越大，不但是文学上的歌赋大家，还是"中世阴阳"之宗，对天文、地理、历算、绘画等都很精通。他几乎无所不知，无所不晓，因此被众人誉为"南阳通人"。

★张衡与"地动仪"

在我国东汉时期，首都洛阳及附近地区常常发生地震。据史书记载，从公元89～140年的50多年内，这些地区发生的地震次数多达33次。其中，公元119年发生的两次大地震，波及范围达十多个县，造成大批房屋倒塌、人畜伤亡，人们对地震十分恐惧。当时的皇帝以为这是得罪了上天，因此增加人民赋税，用来举行祈祷活动。张衡对天文、历法、数学都有很深的研究，他不相信关于地震的迷信宣传，他认为地震应当是一种自然现象，只是人们对它的认识太少了。鉴于这种情况，张衡加紧了对地震的研究。张衡细心观察和记录每一次地震现象，用科学的方法分析了发生地震的原因。经过多年的反复试验，公元132年，张衡制造出了中国乃至世界上第一个能测报地震的仪器，取名"地动仪"。这是世界上第一架观测和记录地震的仪器。公元138年，地动仪准确地报告了离洛阳千里之遥的陇西（今甘肃省西南部）发生的大地震。张衡的发明在人类历史上写下了光辉的一笔。

1.4.8 印刷术的发明

印刷是使用印版或其他方式，将原稿上的图文信息转移到承印物上的工艺技术。印刷术是中国古代四大发明之一。早在公元868年，中国就有了木版印刷术。印刷术的发明及推广应用，加快了文献的复制和传播速度，对人类文明和社会进步产生了巨大的推动作用。特别是活字印刷术，既经济又省时，大大促进了文化的传播，是印刷史上一次伟大的技术革命。

🎯 导 图

印刷术的发明

活字印刷术的发明

- 宋代的毕昇首创活字版
  - 开创了直到20世纪90年代还在使用的铅字排版印刷的先河
  - 胶泥片上刻字，一字一印，用火烧硬
  - 与雕版印刷相比，既经济，又方便
  - 使用方法
    - 排版前，先在置有铁框的铁板上放上松香和蜡，活字依次排序
    - 加热使蜡融化，再用平板压平字面，泥字会附着在铁板上，随后就可以像雕版一样印刷

- 元代农学家王祯创制木活字，并在《农书》中详细说明了印刷方法和经验
  - 王祯还发明了转轮
  - 王祯所造木活字共有3万多个
  - 公元1298年
    - 王祯用这套木活字排印自己编纂的《大德旌德县志》
    - 不到1个月就印出了100部

- 明清时期
  - 木活字普遍流行
    - 乾隆年间政府使人刻成大小枣木活字253500个，先后印成《武英殿聚珍版丛书》134种，2300多卷
    - 清朝还有一部《古今图书集成》，以铜活字印制，当时金属活字流行于江苏无锡、苏州、南京一带

- 古丁堡于1405年前后发明了活字印刷术
  - 从西方来看，最早发明印刷术的是德国人古丁堡
    - 技术三要点
      - 用铝或铅合金铸造铅质活字
      - 加压力把铅质活字版压在纸上印字
      - 采用油性印刷墨水

- 19世纪初
  - 德国的印刷商柯尼希和鲍尔（技术员）来到伦敦
    - 受到一位财政支持者的帮助
    - 创建了第一个以蒸汽为动力的机器印刷所
      - 1814年11月29日，《泰晤士报》首次用蒸汽动力机器进行印刷
      - 经过50年
      - 滚动印刷机取代
        - 美国人布洛克于1863年制造出了第一台滚动印刷机
        - 印刷机能容纳大卷新闻纸，可使新闻纸不断地送进机器内

- 19世纪80年代
  - 美国人兰斯顿发明单字自动铸排机

- 20世纪60年代
  - 英国发明了"整页电传机"

- 1876年
  - 移居到巴尔的摩的德国年轻技术员默尔根塔勒，开始研制一种像打字机一样的有键盘的机器
  - 10年之后

- 1886年
  - 默尔根塔勒研制成功了铸成整行活字的排版机，并很快被许多报社和印刷厂所使用

人物小史与趣事

毕昇

毕昇，北宋布衣，歙州人，卒于北宋皇佑四年二月，我国古代伟大的发明家。他根据实践经验，发明了胶泥活字印刷技术，即在胶泥片上刻字，一字一印，用火烧硬后，便成活字。

活字印刷术具有一字多用、重复使用、印刷多且快、省时省力、节约材料等优点，比整版雕刻经济方便，是印刷技术史上一次质的飞跃，对后世印刷术乃至世界文明的进步有着巨大而深远的影响，被称为中国古代四大发明之一。

★最有心的毕昇

毕昇是我国古代伟大的发明家，他毫无保留地将自己的发明介绍给了师弟们。他先将细腻的胶泥制成小方块，一个个刻上凸面反手字，用火烧硬，按照韵母的顺序分别放在木格子里。然后在一块铁板上铺上黏合剂（松香、蜡和纸灰），按照字句段落将一个个字印依次排放，再在四周围上铁框，用火加热。待黏合剂稍微冷却时，用平板将版面压平，完全冷却后就可以印了。印完后，将印版用火一烘，黏合剂熔化，拆下一个个活字，留着下次排版再用。

师弟们禁不住啧啧赞叹！一位小师弟说："《大藏经》5000多卷，雕了13万块木板，一间屋子都装不下，花了多少年心血！如果用师兄的方法，几个月就能完成。师兄，你是怎么想出这么巧妙的办法的？"

"是我的两个儿子教我的！"毕昇这样回答。

"你儿子？怎么可能呢？他们只会'过家家'。"师兄弟们说。

"你说对了！就靠这'过家家'。"毕昇笑着说，"去年清明前，我带着妻儿回乡祭祖。一天，两个儿子玩过家家，用泥做成了锅、碗、桌、椅、猪、人，随心所欲地排来排去。我的眼前忽然一亮，当时我就想，我何不也来玩过家家：用泥刻成单字印章，不就可以随意排列，排成文章吗？哈哈！这不是儿子教我的吗？"

师兄弟们听了，也都哈哈大笑起来。"但是这'过家家'，谁家孩子都玩过，师兄们都看过，为什么偏偏只有你发明了活字印刷呢？"还是那位小师弟问道。

好一会儿，师傅开了口："在你们师兄弟中，毕昇最有心。他早就在琢磨提高工效的新方法了！"

2

欧洲文明兴起时期

（1400—1779 年）

自从15世纪至18世纪下半叶，科学技术取得巨大进步。随着自然科学的迅速发展，人类的发明创造活动也呈现出空前活跃的局面。这一时期的发明创造具有一系列重大突破，它们对社会发展起到了划时代的作用。

蒸汽机的发明和广泛使用，带来了近代史上的第一次技术革命，并且促进了社会生产力的巨大发展。蒸汽动力的广泛使用，带动了纺织工业、冶金工业、煤炭工业、交通运输业、机器制造业的飞跃发展。

除此以外，在这一时期（1400—1779年）还产生了许多重要发明成果，如望远镜、显微镜、太阳系仪、八分仪和六分仪、飞梭、纺织机、精纺机、打字机、机床、体温表、高压锅、钢琴、汽车、牛痘疫苗等。

导 图

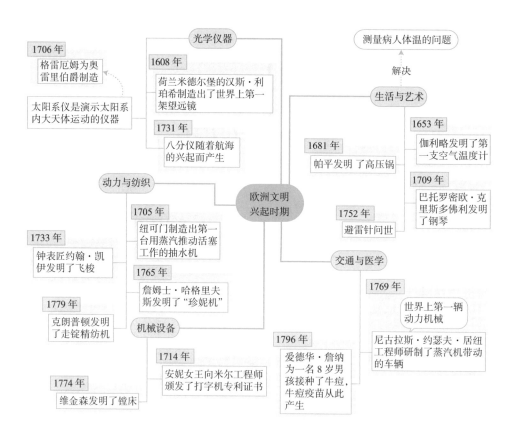

2.1 光学仪器

2.1.1 望远镜的发明

在科学发展史上，望远镜的发明具有重大意义，它极大地扩展了人类的眼界，为人们观察与了解浩瀚无垠的宇宙提供了必不可少的工具。1608年，荷兰米德尔堡一位不出名的眼镜师汉斯·利珀希制造出了世界上第一架望远镜。

导图

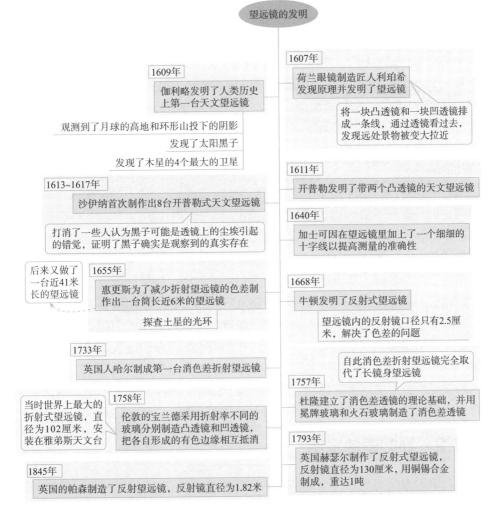

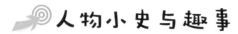

人物小史与趣事

★眼镜店主人的发明

　　17世纪初的一天，荷兰小镇的一家眼镜店的主人利珀希，为了检查磨制出来的透镜质量，将一块凸透镜和一块凹透镜排成一条线，通过透镜看过去，发现远处的教堂塔尖好像变大且拉近了，于是在无意中发现了望远镜的秘密。

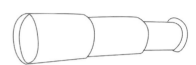

1608年，他为自己制作的望远镜申请专利，并且遵从当局的要求，制造了一架双筒望远镜。据说小镇好几十个眼镜匠都声称发明了望远镜，不过通常都认为利珀希是望远镜的发明者。

　　发明望远镜的消息很快在欧洲各国流传开来，意大利科学家伽利略在得知这个消息后，就自制了一架。他制作的第一架望远镜只能将物体放大3倍。一个月之后，他制作的第二架望远镜可以放大8倍，第三架望远镜可以放大20倍。1609年10月，伽利略制作出了能放大30倍的望远镜。伽利略用自制的望远镜观察夜空，第一次发现了月球表面高低不平，覆盖着山脉，并且有火山口的裂痕。此后又发现了木星的4个卫星、太阳的黑子运动，并且做出了太阳在转动的结论。

　　几乎同时，德国的天文学家开普勒也开始研究望远镜，他在《屈光学》里发明了另一种天文望远镜，这种望远镜由两个凸透镜组成，与伽利略研制的望远镜不同，比伽利略望远镜视野宽阔。但开普勒没有制造他所介绍的望远镜。沙伊纳于1613～1617年首次制作出这种望远镜，他还遵照开普勒的建议制造了有第三个凸透镜的望远镜，将两个凸透镜做的望远镜的倒像变成了正像。沙伊纳做了8台望远镜，一台一台地观察太阳，无论哪一台都能够看到相同形状的太阳黑子。这打消了不少人认为黑子可能是透镜上的尘埃引起的错觉，并且证明了黑子确实是观察到的真实存在。在观察太阳时沙伊纳装上了特殊遮光玻璃，伽利略则没有加此保护装置，结果伤了眼睛，最后几乎失明。荷兰的惠更斯为了减少折射望远镜的色差，在1665年做了一台筒长近6米的望远镜，来探查土星的光环，后来又做了一台近41米长的望远镜。

2.1.2　显微镜的发明

　　最早的显微镜是由一个叫詹森的眼镜制造匠人于1590年前后发明的。这个显微镜是用一个凹透镜和一个凸透镜做成的，制作水平还很低。詹森虽然是发明显微镜的第一人，却并没有发现显微镜的真正价值。也许正是因为这个原因，詹森的发明并没有引起世人的重视。时隔70多年，1665年，荷兰人列文虎克将显微镜研究成功了，并且开始真正地用于科学研究试验。

🎯 导图

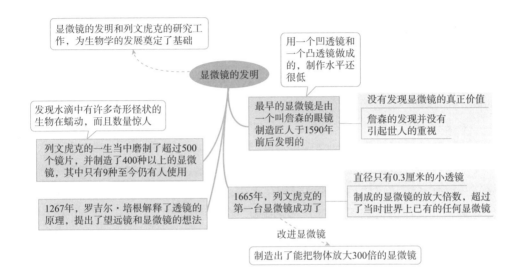

🎯 人物小史与趣事

列文虎克

安东尼·列文虎克（1632—1723），荷兰显微镜学家、微生物学的开拓者。由于勤奋及特有的天赋，他磨制的透镜远远超过同时代人。他的放大透镜以及简单的显微镜形式很多，透镜的材料有玻璃、宝石、钻石等。其一生磨制了400多个透镜，有一架简单的透镜，其放大率竟达270倍。主要成就：首次发现微生物，最早纪录肌纤维、微血管中血流。

★好奇的看门人——列文虎克

1632年10月24日，列文虎克出生在荷兰代尔夫特市的一个酿酒工人家庭。他的父亲去世很早，在母亲的抚养下，读了几年书。16岁即外出谋生，过着飘泊苦难的生活。后来，列文虎克返回家乡，才在代尔夫特市政厅当了一位看门人。由于看门工作比较轻松，时间比较宽裕，而且接触的人也很多，在一个偶然的机会里，列文虎克从一位朋友那里得知，荷兰最大的城市阿姆斯特丹有许多眼镜店，除了磨制镜片外，还磨制放大镜，并且告诉他说："用放大镜，可以把看不清的小东西放大，并让你看得清清楚楚，奇妙极了。"具有强烈好奇心的列文虎克，默默地想着这个新鲜有趣的问题，越想越有兴趣。

"闲着也没事，我不妨也买一个放大镜来试试。"可是当列文虎克到眼镜店一问，价钱却贵得吓人，他只好高兴而去扫兴而归。列文虎克从眼镜店出来，恰好看到磨制镜片的人在使劲地磨着。磨制的方法并不神秘，只是需要仔细和耐心罢了。"索性我也来磨磨看。"从那时起，列文虎克利用自己的充裕时间，耐心地磨制起镜片来……

列文虎克除了懂荷兰文之外，对其他文字一窍不通。很多科学技术的著作都是用拉丁文写的，因此列文虎克没法阅读这些参考资料，他只能自己摸索。列文虎克经过辛勤劳动，终于磨制成了小小的透镜。但由于实在太小了，他就做了一个架子，将这块小小的透镜镶在上边，看东西就方便了。后来，经过反复琢磨，他又在透镜的下边装了一块铜板，在上面钻了一个小孔，以使光线从这里射进而反照出所观察的东西来。这就是列文虎克所制作的第一架显微镜，它的放大能力相当强。

知识链接

显微镜

显微镜是由一个透镜或几个透镜的组合构成的一种光学仪器，是一种借助物理方法产生物体放大影像的仪器。显微镜分光学显微镜和电子显微镜。

光学显微镜主要由目镜、物镜、载物台和反光镜组成。目镜和物镜都是凸透镜，焦距不同。物镜的凸透镜焦距小于目镜的凸透镜焦距。物镜相当于投影仪的镜头，物体通过物镜成倒立、放大的实像。目镜相当于普通的放大镜，该实像又通过目镜成正立、放大的虚像。经显微镜到人眼的物体都成倒立放大的虚像。反光镜用来反射，照亮被观察的物体。反光镜一般有两个反射面：一个是平面镜，在光线较强时使用；一个是凹面镜，在光线较弱时使用，可会聚光线。

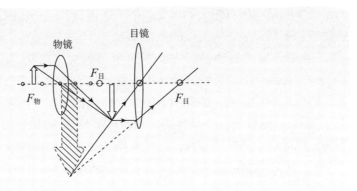

电子显微镜是根据电子光学原理，用电子束和电子透镜代替光束和光学透镜，使物质的细微结构在非常高的放大倍数下成像的仪器。

列文虎克拥有了自己的显微镜后，把手伸到显微镜旁，只见手指上的皮肤粗糙得像块柑桔皮，难看极了。他看到蜜蜂腿上的短毛，犹如缝衣针一样地直立着，使人有点害怕。随后，他又观察了蜜蜂的螫针、蚊子的长嘴和一种甲虫的腿。总之，他对任何东西都感兴趣，都要仔细观察。可是，当他将身边和周围能够观察的东西都看过之后，便又开始不大满足了。列文虎克觉得应该再有一个更大、更好的显微镜。为此，列文虎克更加认真地磨制透镜。由于经验加上兴趣，他毅然辞退了公职，并且将家中的一间空房改作了自己的实验室。几年以后，列文虎克制成的显微镜，不仅越来越多、越来越大，而且也越来越精巧和完美了，以致能将细小的东西放大两三百倍。

列文虎克的工作是保密的，他从来不允许任何人参观，总是独自一人在小屋里耐心地磨制镜片，或者观察他所感兴趣的东西。他作为自学者，从动物学各科中获得了广博的知识。列文虎克将从于草浸泡液中所观察到的微生物称为"微动物"。

列文虎克有一个朋友叫德·格拉夫（1641—1673），他既是代尔夫特城里的名医，同时也是英国皇家学会的通信会员。有一天，格拉夫专程前来拜访列文虎克。面对这位知名人士和朋友的来访，列文虎克热情地接待了客人，并且拿出自己的显微镜请格拉夫观看。看后格拉夫抬起头来，严肃地说道："这可真是件了不起的创造发明啊！"格拉夫接着又说："你知道吗？你

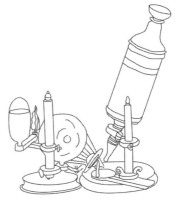

的创造发明具有极其伟大的意义。你不能再保守这一秘密了，应该立即把你的显微镜和观察记录送给英国的皇家学会。"

"难道连显微镜也要送去？"这可是列文虎克从来没有考虑过的严肃问题——公开自己的显微镜。他认为这是自己的心血，是自己的财富。所以，当听了格拉夫的劝告后，他竟情不自禁地将显微镜收了起来。

"朋友，这种公开不是坏事，谁也不会侵占你的成果，你必须向世界公众表明，你的观察是如此非凡，这是人类从未发现的新课题。"

听了朋友的好心劝告，列文虎克点了点头。

2.1.3　太阳系仪的发明

太阳系仪是演示太阳系内大天体运动的仪器。英国格雷厄姆在1706年为奥雷里伯爵制造了太阳系仪。

导图

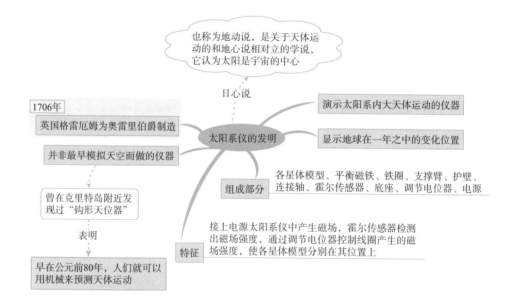

2.1.4　八分仪与六分仪的发明

八分仪是随着航海的兴起而产生的。1731年英国人哈德利和美国费城人戈弗雷各自发明了一种新的航海仪器——八分仪。而在其后，约翰·坎贝尔于

1757年制造出了技术上更为精确的六分仪。

导图

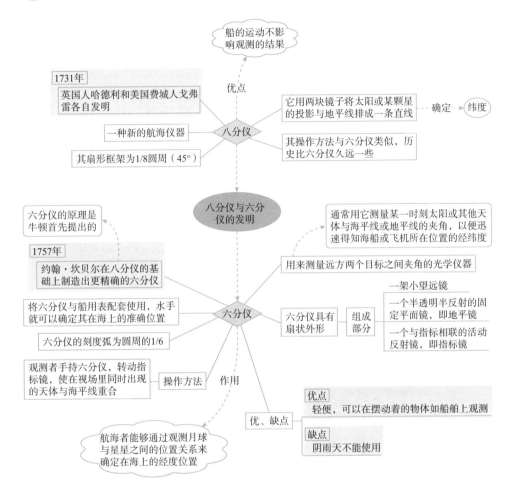

2.2 动力与纺织

2.2.1 蒸汽机的发明

19世纪后，汽车、火车制造技术的日益完善及其在交通运输中的普及，终于使曾辉煌一时的马车逐渐减少，人类从此揭开了现代化"动力交通时代"的序幕。而蒸汽机的发明和改良，则是其前奏。纽可门在1705年制造出了第一台用蒸汽推动活塞工作的抽水机。后来瓦特对其进行改进，发明了瓦特蒸汽机，使人类进入了"蒸汽时代"。

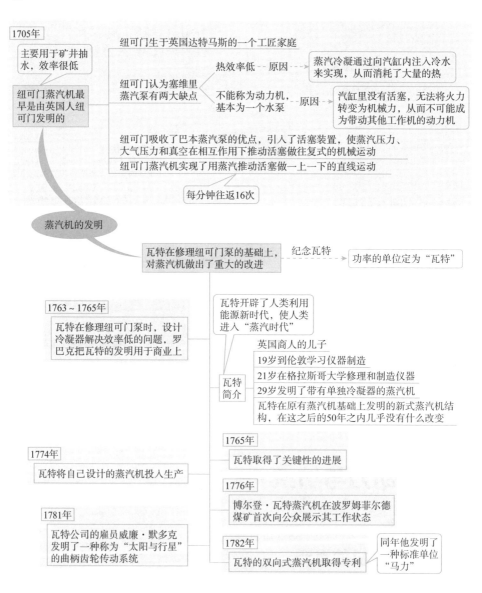

人物小史与趣事

纽可门，英国工程师，蒸汽机发明人之一。他发明的常压蒸汽机是瓦特蒸汽机的前身。

纽可门蒸汽机被广泛应用了60多年，在瓦特完善蒸汽机后很长时间还在使用。纽可门蒸汽机是第一台实用的蒸汽机，为后来蒸汽机的发展和完善奠定了基础。

2.2.2　飞梭的发明

几百年以来，纺织工人一直是用手纺机纺织，将带线的梭子缓慢而费力地从一只手抛到另一只手。直到1733年，钟表匠约翰·凯伊发明了飞梭，大大提高了织布效率，也刺激了对棉纱的需求。

导图

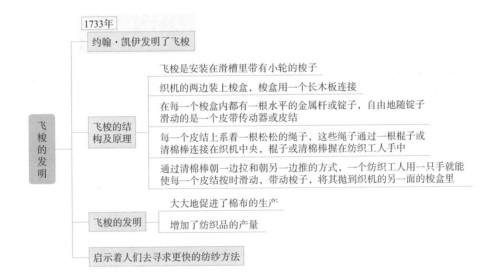

2.2.3　珍妮纺纱机的发明

在约翰·凯伊发明飞梭之后，人们一直致力于新的纺织机的研制。1761年，英国皇家艺术学会专门悬赏鼓励人们发明新型纺织机。获奖的条件是：新发明的机器要能"一次纺6根毛线、亚麻线、大麻线或棉线，而且只需要1个人开机器或看机器"。尽管如此，新的纺织机的研制工作仍进展不大。直到1765年，詹姆士·哈格里沃斯发明了"珍妮纺纱机"。

导图

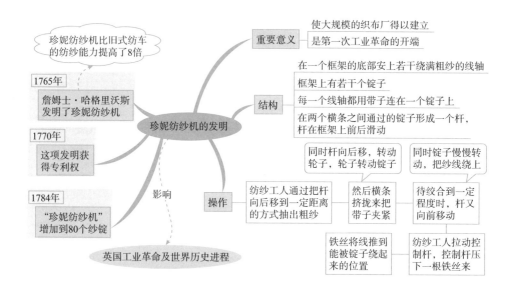

使大规模的织布厂得以建立

重要意义
是第一次工业革命的开端

在一个框架的底部安上若干绕满粗纱的线轴

框架上有若干个锭子

结构
每一个线轴都用带子连在一个锭子上

在两个横条之间通过的锭子形成一个杆，杆在框架上前后滑动

1765年
詹姆士·哈格里沃斯发明了珍妮纺纱机

珍妮纺纱机比旧式纺车的纺纱能力提高了8倍

1770年
这项发明获得专利权

珍妮纺纱机的发明

1784年
"珍妮纺纱机"增加到80个纱锭

影响

英国工业革命及世界历史进程

操作

纺纱工人通过把杆向后移到一定距离的方式抽出粗纱

同时杆向后移，转动轮子，轮子转动锭子

然后横条挤拢来把带子夹紧

铁丝将线推到能被锭子绕起来的位置

同时锭子慢慢转动，把纱线绕上

待绞合到一定程度时，杆又向前移动

纺纱工人拉动控制杆，控制杆压下一根铁丝来

人物小史与趣事

★"珍妮纺纱机"的出现

在英国1764年的一个清晨，天刚蒙蒙亮，一位纺纱女工就起床坐在纺纱车旁纺起纱来了。她的丈夫哈格里沃斯是一位织布工。这天，哈格里沃斯又在家里闲着。自从织布用上新发明的"飞梭"之后，哈格里沃斯就一心想着对旧的手摇纺车进行改造。因为一台使用"飞梭"的织布机需要的棉纱，由十几个女工纺纱都供应不上。哈格里沃斯望着妻子由于日夜不停地劳作而消瘦下去，内心升起了一股难以言表的怜爱，改造纺车的欲望越来越强烈了，但是他现在能为妻子做些什么呢？他做完早餐之后，他的妻子去吃早餐，哈格里沃斯自己坐到车前，接替她纺纱。他

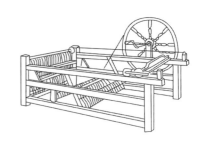

纺着纱，脑子里却仍然想着改造纺车的事。这时，妻子走了过来，她希望能同丈夫一起共进早餐。哈格里沃斯笑了笑，站起身来，一不小心将纱车碰倒了，妻子正要去扶纺车，却被哈格里沃斯挡住了，他被倒下的纺车所出现的一个并不异常的情景所吸引：纺车上原来水平的纺锤变成直立的，可直立的纺车仍然在转动。

"有了！有了！"哈格里沃斯忘记了吃饭，对妻子兴奋地喊道，"纺车可以改成直立式的！"妻子被他的新发现打动了，鼓励他进行这项改造。哈格里沃斯转动着纺锤说："如果在框架上并排立上几个纺锤，用一个纺轮带动它们同时转动，效率不就能提高好几倍吗？"

哈格里沃斯从前当过木匠，因此手非常巧。很快，他做成了一架立式纺锤的纺车，在框架上装上了8个纺锤，这样的纺纱机可顶得上十几架手摇纺车的效率，而且所纺的纱细密均匀，强度也大。哈格里沃斯把第一架纺纱机自豪地以女儿珍妮的名字命名为"珍妮纺纱机"。

2.2.4　走锭精纺机的发明

自哈格里沃斯发明了珍妮纺纱机之后，阿克赖特于1769年发明了水力纺纱机。这种纺纱机纺出的纱虽然粗糙，但是很结实，而且这种机器是用水作动力的。利用这种机器，人们很快建起了一大批纺织工厂。但无论是珍妮纺纱机还是水力纺纱机，都有其自身的局限性，需要进一步改进。这个问题引起了克朗普顿的兴趣。1774年，克朗普顿开始试制新的纺纱机，于1779年发明了走锭精纺机。

导图

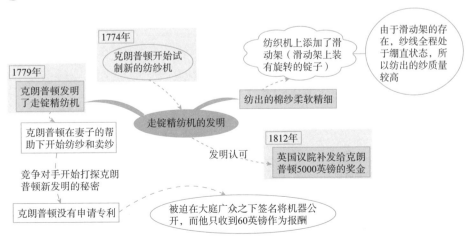

人物小史与趣事

克朗普顿　克朗普顿，英国发明家，走锭精纺机的发明者，生于英国兰开夏郡，青年时期曾在家中使用珍妮纺纱机生产纱线，为克服这种机器的缺点，他投入全部时间和金钱研制更先进的纺纱机。1779年，他研制出一种铁木结构的走锭精纺机。

2.3 机械设备

2.3.1 打字机的问世

打字机作为一种重要的现代办公用具，是在18世纪初发明的。1714年1月7日，安妮女王向一个叫米尔的工程师颁发了一份专利证书。证书上说："他谦恭地请求把他的发明献给我们。这是他花了许多的时间和精力，不惜破费，终于研制成功，后来又逐步改进，使之臻于完善的人造机器或方法。用它可以把字母单个或连续地打印出来，就像在书写一样。不管什么样的作品都能整齐而准确地打印在纸上或羊皮纸上，跟印刷的没有区别。"

导图

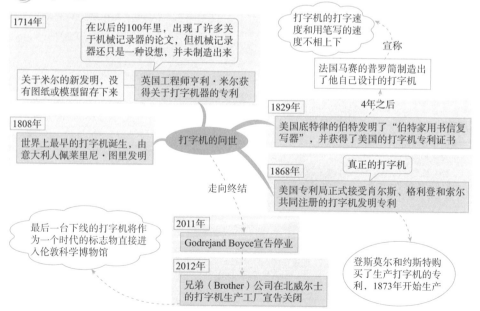

1714年　在以后的100年里，出现了许多关于机械记录器的论文，但机械记录器还只是一种设想，并未制造出来

关于米尔的新发明，没有图纸或模型留存下来

英国工程师亨利·米尔获得关于打字机器的专利

打字机的打字速度和用笔写的速度不相上下　宣称

法国马赛的普罗简制造出了他自己设计的打字机

1829年　4年之后

美国底特律的伯特发明了"伯特用书信复写器"，并获得了美国的打字机专利证书

1808年　世界上最早的打字机诞生，由意大利人佩莱里尼·图里发明

打字机的问世

真正的打字机

1868年　美国专利局正式接受肖尔斯、格利登和索尔共同注册的打字机发明专利

走向终结

最后一台下线的打字机将作为一个时代的标志物直接进入伦敦科学博物馆

2011年　Godrejand Boyce宣告停业

2012年　兄弟（Brother）公司在北威尔士的打字机生产工厂宣告关闭

登斯莫尔和约斯特购买了生产打字机的专利，1873年开始生产

人物小史与趣事

★米尔发明打字机

关于米尔的发明，没有图纸或模型存留下来，有些人认为它可能只是一张图纸。即使这样，人们还是普遍认为米尔是打字机之父。然而，打字机并没有很快推广，这是因为18世纪并不急需打字机。当时人们已经习惯使用笔录的方法。在以后的100年里，出现了许多关于机械记录器的论文，但是机械记录器还只是一种设想，并未制造出来。

1829年，美国底特律的伯特发明了"伯特家用书信复写器"，并且获得了美国的打字机专利证书。4年之后，法国马赛的普罗简制造出了他自己设计的打字机，他宣称：打字机的打字速度和用笔写的速度不相上下。与此同时，在密尔沃基的克兰斯特伯机械厂里，肖尔斯和格利登正在研制一种连续地给书页编码的机器。格利登想："为什么不能把编码机造得既能写数字，又能写字母和单词呢？"于是，他与肖尔斯开始利用一个木制模型来解决这个问题。虽然它没有活动键，而且只能打大写字母，但它是一台很好的打字机。很快两位商人——登斯莫尔和约斯特就将打字机的专利购买下来，并于1873年开始生产。但当肖尔斯的打字机在1876年的博览会上展出时，并没有引起人们的兴趣，它被博览会上展出的另一个发明——电话机挤到一边去了。

为了推销打字机，雷鸣顿公司采取了将打字机借给数百家公司使用的办法，这样才逐步打开了市场。肖尔斯是个谦逊的人，就像许多发明家一样，当他的想法实现之后，他就隐退了。他在去世之前写的一封信中说到发明打字机的价值："关于打字机的价值，是我在初期所能感觉到的，它显然是人类的福音，特别是妇女的福音。我感到欣慰的是我为发明打字机做出了贡献。我制造了一部我从未见过的好机器，全世界都会从中获得好处。"

目前，世界上已有几百种不同类型的打字机，如上行打字机、前行打字机、带打字轮的钟形打字机、带打印杆的打字机等。现代精巧的电动打字机，比原来怪模怪样的打字机进步了很多，但肖尔斯的键盘却几乎毫无改变地保留了下来。

2.3.2 机床的发明

广义的机床是指工作母机，是制造机械的机械。而狭义的机床一般是指金属切削机床、锻压机床和木工机床等。机床的发明对整个社会生产有着重大意义。无论是万吨巨轮，还是人造卫星，甚至一些日常用品，都离不开机床的加工。1774年，维金森发明了镗床，镗床相当于木工的刨子，主要用于材料的抛光。

 导图

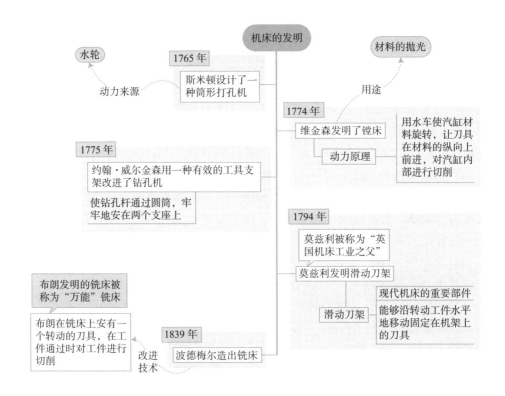

2.4 ☀ 生活与艺术

2.4.1 体温表的发明

体温表的发明使得温度可以被测量和计算，赋予体温更加准确的科学含义。当今社会体温表已成为医疗和家庭生活的常备之物，不再新鲜。而在300多年前，医生们曾因为无法测量病人的体温而大伤脑筋。为了解决这一问题，伟大的物理学家伽利略经过多次改进，终于在1593年制出了一支体温表。

🎯 导图

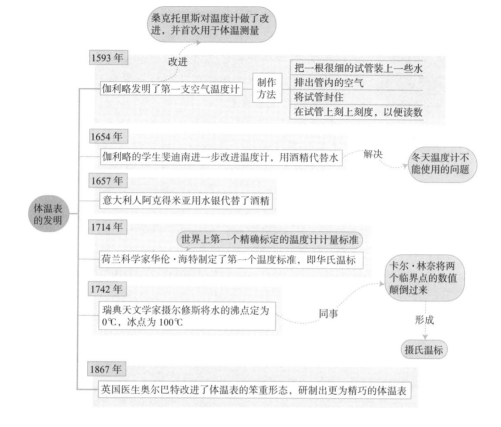

体温表的发明

1593 年
伽利略发明了第一支空气温度计

改进 → 桑克托里斯对温度计做了改进，并首次用于体温测量

制作方法：
- 把一根很细的试管装上一些水
- 排出管内的空气
- 将试管封住
- 在试管上刻上刻度，以便读数

1654 年
伽利略的学生斐迪南进一步改进温度计，用酒精代替水
解决 → 冬天温度计不能使用的问题

1657 年
意大利人阿克得米亚用水银代替了酒精

1714 年
世界上第一个精确标定的温度计计量标准
荷兰科学家华伦·海特制定了第一个温度标准，即华氏温标

1742 年
瑞典天文学家摄尔修斯将水的沸点定为0℃，冰点为100℃
同事 → 卡尔·林奈将两个临界点的数值颠倒过来 → 形成 → 摄氏温标

1867 年
英国医生奥尔巴特改进了体温表的笨重形态，研制出更为精巧的体温表

🐚 人物小史与趣事

伽利略

伽利略（Galileo Galilei，1564—1642），意大利数学家、天文学家、物理学家，科学革命的先驱。

伽利略在科学上为人类做出过巨大贡献，是近代实验科学的奠基人之一。他从实验中总结出自由落体定律、惯性定律和伽利略相对性原理等，进而推翻了亚里士多德物理学的许多臆断，奠定了经典力学的基础，反驳了托勒密的地心体系，有力地支持了哥白尼的日心学说。

他以系统的实验和观察推翻了纯属思辨传统的自然观，开创了以实验事实为根据并具有严密逻辑体系的近代科学，因此被誉为"现代科学之父""近代力学之父"。其工作为牛顿理论体系的建立奠定了基础。

摄尔修斯

安德斯·摄尔修斯（Anders Celsius，1701—1744），瑞典物理学家，天文学家，瑞典科学院院士。1701年11月27日生于乌普萨拉。他曾在乌普萨拉大学学习，受父亲影响，从事天文学、数学、地球物理和实验物理学研究。年仅26岁便担任了乌普萨拉科学协会会长，并在大学任教。1730～1744年任乌普萨拉大学教授，1740年兼任乌普萨拉天文台台长。

摄尔修斯于1741年创办了乌普萨拉天文观测站，并于1742年在一篇给瑞典皇家科学院的论文中提出了摄氏温标。原本他的温度计是以水的沸点为0℃，而冰点则为100℃。后来，这个温标于1745年由卡尔·林奈颠倒，并且一直沿用至今。

★伽利略和体温表的故事

对于当代的人们来说，体温表已经是非常普通的东西了，不仅仅医院广泛使用，而且也是许多家庭的必备之物。由于体温表能准确测出人体的温度，因而是医生看病的得力助手。

17世纪之前，医生只能依靠触觉来判断病人的体温。但是这种方法很不可靠，经常会误诊，不仅耽误了病人的治疗，有时甚至会造成生命危险。为了解决这一问题，医生找到了伟大的物理学家伽利略，请求他帮助发明一种能准确地测出体温的仪器。当时，伽利略正在一所大学当教授。

有一天，伽利略正在给学生演示实验，他问："我们烧开水的时候，为什么水温升高了，水面也会上升呢？"

一个学生回答说："这是因为'热胀冷缩'的原理，水的温度越来越高，体积膨胀，水面就上升；当水冷却后，体积缩小，水面自然就下降了。"

知识链接

热胀冷缩

热胀冷缩是物体的一种基本性质，物体在一般状态下，受热以后会膨胀，在受冷的状态下会缩小。大多数物体都具有这种性质。

伽利略点点头，这是一个基本的物理学常识。突然，他想到：我可不可以用这个原理做出测量体温的仪器呢？水的温度发生变化，体积也随着发生变化。反过来，从水的体积变化，不是也可以测出温度的变化吗？有了发明温度计的理论依据，伽利略立即跑进实验室，根据热胀冷缩的原理，做起实验来了。但是，一次次的实验都失败了，伽利略又陷入了困境。

一天，伽利略又在实验室做实验。他用手握住试管底部，使得管内的空气渐渐变热，然后把试管上端倒插入水中，松开握着试管的手。这时，他发现，试管里的水被慢慢地吸上去一截；而当他再次握住试管的时候，水又渐渐降下去一点。这就表明，从水的上升与下降，可以反映出试管内温度的变化。伽利略根据这次实验，经过多次改进，终于在1593年制出了第一支温度计，其做法是：把一根很细的试管装上一些水，排出管内的空气，再把试管封住，并且在试管上刻上刻度，以便从水上升的刻度上知道人的体温。但是，这种温度计有个缺点，即到了寒冷的冬天，试管会因水结冰体积膨胀而被撑破。当时这种温度计作为医用有很大的局限性。

1654年，伽利略的学生斐迪南发现了酒精不怕寒冷的特性，进一步改进了最初的温度计，利用酒精代替水，解决了冬天温度计不能使用的问题。1657年，意大利人阿克得米亚发现水银是在常温下唯一呈液态的银白色金属，约$-39℃$凝固，其特异的物化性能优于酒精。他用水银代替了酒精，使体温计的制造技术又提高一大步。1867年，英国医生奥尔巴特又改进了体温计的笨重形态，研制出更为精巧的体温计，使用起来更方便了。

2.4.2　高压锅的问世

高压锅作为厨房用具的历史并不太长，但它的出现已有300多年的历史。发明高压锅的是法国科学家丹尼斯·帕平，他于1647年出生在法国的布卢瓦，后来到伦敦，担任著名科学家波义耳的助手。帕平在1681年发明了高压锅。

🎯 导图

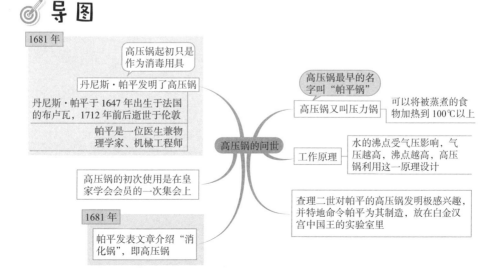

人物小史与趣事

丹尼斯·帕平

丹尼斯·帕平，法国物理学家、数学家、发明家。1647年8月22日生于法国布卢瓦城。1681年帕平公布了他的第一项重要发明——"消化锅"，这就是最初的高压锅。它利用密封容器中蒸汽压力越大、水的沸点越高的原理，用锅中的高压高温迅速将食物煮熟，节约了很多时间。帕平用"消化锅"把排骨煮得如肉冻一样，并请英国皇家学会会员们参加"科学会餐"，品尝"消化锅"的成果。

★高压锅的发明

高压锅作为一种现代家庭常见的厨房用具，直到300多年前才问世，它是由法国人帕平发明的。1675年，法国物理学家丹尼斯·帕平离开祖国来到英国伦敦，成为英国皇家学会会长罗伯特·胡克的秘书。1681年，帕平带领一批人到风景如画的阿尔卑斯山旅行。他们野餐时发现水沸腾了，但食物很难煮熟。作为一位物理学家，帕平懂得这是高山上空气稀薄、气压低的缘故。帕平想，既然水沸腾时的温度能够随着压力的升高而上升，那么如果将盛水的容器密封，在蒸汽一点儿不外泄的情况下进行加热，容器内的压力肯定会增高，沸点可能升高。由于沸点很高，将食物放在这样的容器里，说不定会熟得更快，煮得更烂。可是，在密闭的容器里，水的温度提高时非常危险，因为蒸汽无法外泄，它对容器的压力就会升高，最后很可能像炸弹一样造成容器爆炸，这样使用起来就会非常危险。

为了降低容器内的压力，帕平发明了一种减压装置，通过它可以使蒸汽在形成危险压力以前就得到释放。这个装置就是现在高压锅上不可缺少的安全阀。利用这种容器来煮肉，十多分钟就可煮烂。这就是世界上第一只高压锅。帕平对于自己发明的高压锅非常满意，给它起了一个响亮的名字——"消化锅"。

知识链接

水的沸点与压强的关系

当液体内部的饱和气压与液体表面的压强相等时，液体开始沸腾，这时从液体内部产生大量气泡；当液体表面压强增大时，沸点也随之升高；当液体表面压强减小时，沸点也降低。

1681年4月12日，在英国皇家学会的一次集会上，高压锅得到第一次应用。查理二世对这一发明表现出浓厚的兴趣，他要求帕平为他专门制造一只，置于白金汉宫中国王的实验室里，以便随时观赏。

由于帕平在实验科学上取得了突出的成就，被任命为皇家学会的临时实验室主任。1712年，帕平在伦敦病逝。

2.4.3　避雷针的问世

在18世纪以前，人类对于雷电的性质还不了解，当时人们普遍将雷电引起的火灾看作是上帝的惩罚。但一些富有科学精神的人，则已在探索雷电的秘密。一些学者认为雷电是"气体爆炸"的现象。1752年7月的一个雷雨天，富兰克林将一个系着长长金属导线的风筝放飞进雷雨云中，在金属线末端拴了一串银钥匙。当雷电发生时，富兰克林手接近钥匙，钥匙上迸出一串电火花。手上还有麻木感。这次传下来的闪电比较弱，富兰克林没有受伤。随后富兰克林用雷电进行了各种电学实验，证明了天上的雷电与人工摩擦产生的电具有完全相同的性质。

为了防止雷电的危害，富兰克林制成了一根实用的避雷针。他把几米长的铁杆，用绝缘材料固定在屋顶，杆上紧拴着一根粗导线，一直通到地里，从而起到避雷的作用。

导图

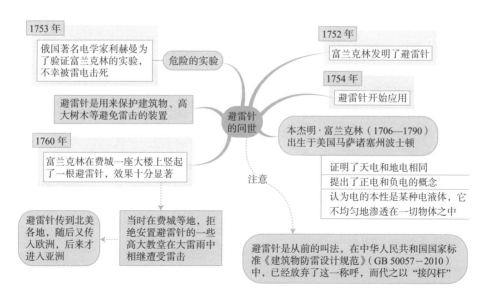

人物小史与趣事

本杰明·富兰克林，集政治家、科学家和作家于一身，是18世纪最有名的美国人之一。1706年生于美国马萨诸塞州波士顿市，是一位肥皂商的第十个儿子，年轻时做过印刷业的学徒工，此后在费城创办报纸，成为政界名流。18世纪后半期，他致力于美国的独立斗争，是赢得独立战争的领袖，从而成了美国家喻户晓的民族英雄、开国元勋之一。但是，当时他主要以一个科学家的身份而闻名欧洲。

★富兰克林在电学研究中的三大贡献

富兰克林在电学上的第一大贡献是发现了天电和地电，破除了人们对雷电的迷信。在用莱顿瓶进行放电实验的过程中，电火花的闪光和噼啪声总是让他禁不住联想到天空的雷电，富兰克林意识到莱顿瓶的电火花可能就是一种小型的雷电。为了验证这个想法，必须将天空中的雷电引到地面上来。1752年7月的一个雷雨天，富兰克林大胆地用绸子做了一个大风筝，风筝顶上装有一根尖细的铁丝，又用丝线将铁丝连起来通向地面，丝线的末端拴一把铜钥匙，钥匙又插进一个莱顿瓶中。富兰克林将风筝放上天空，一阵雷电打下来，只见丝线上的毛毛头全都竖立起来，用手靠近铜钥匙，即发出电火花。天电终于被捕捉下来了。富兰克林发现，储存了天电的莱顿瓶可以产生一切地电所能产生的现象，这就证明了天电与地电是一样的。

富兰克林在电学上的第二大贡献是发明了避雷针。早在1747年，富兰克林就从莱顿瓶实验中发现了尖端更易放电的现象，等他发现了天电与地电的统一性之后，就马上想到利用尖端放电原理将天空威力巨大的雷电引入地面，以避免建筑物遭受雷击。1760年，富兰克林在费城一座大楼上竖起了一根避雷针，效果十分明显，费城各地竞相效仿。教

会起初反对装避雷针，说雷电是表示神的愤怒，不允许人们干涉它们的破坏力。但据说过了一百多年，费城盖了一座教堂，教会也害怕遭雷击，于是去请教爱迪生要不要装避雷针，爱迪生说："雷公也有疏忽大意的时候，你们觉得需不需要安装？"结果该教堂还是装上了由富兰克林发明的避雷针。

富兰克林在电学上的第三大贡献是提出了正电和负电的概念。在1747年的一封信中，富兰克林提出了自己对电的本质的看法。他认为，电的本质是某种电液体，它不均匀地渗透在一切物体之中。当某物体内的电液体与其外界的电液体处于平衡时，该物体便呈电中性，当内部的电液体多于外界时，呈正电性，相反则呈负电性，正电与负电可以抵消。由于电液体总量不变，电荷总量不变，在摩擦的过程中，电不是被创生而是被转移。迪费所谓的玻璃电和树脂电实际上分别是正电和负电。富兰克林的电性理论可以解释当时出现的绝大部分电现象，因此获得了公认。今天我们知道，电实际上是带负电荷的电子造成的，正电恰好意味着电子的缺失，负电才是电子的多余。富兰克林正好弄反了，但他的"缺失"和"多余"模型被继承了下来。

正电和负电

自然界中只存在两种电。人们规定：用丝绸摩擦过的玻璃棒带的电叫正电，用符号"十"表示；用毛皮摩擦过的胶棒带的电叫负电，用符号"一"表示。

电荷之间相互作用的规律是：同种电荷互相排斥，异种电荷互相吸引。

2.4.4　钢琴的发明

音乐所表达的是一种情绪、一种氛围，它的力量源自公平和感染力。这种力量影响个体，让个体得到全面发展，从而影响周围直至全社会。每个人的经历和背景不同，对同一段音乐也会有各自不同的感受。音乐能够激发自尊和对高尚情操的向往，那是一种精神上的洗涤。而钢琴的出现更加深了音乐所能带给人们的感受。怀揣感恩的心，感谢1709年为人类发明钢琴的巴托罗密欧·克里斯多佛利。

导图

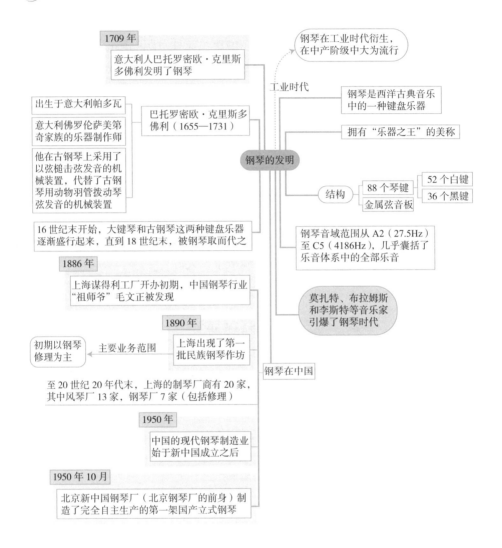

人物小史与趣事

★古钢琴的改进

　　钢琴是一种大型高档的键盘乐器，它是在古希腊的一种乐具的基础上改制而成的。在古希腊，有一种供音乐工作者审度音和研究乐理的乐具，它是在一块木板上绷上几根丝弦，弦的下边有弦马，可移动测量声音。

14世纪，这种乐具经过改进后，形成了一种与我国扬琴比较相似的古钢琴，并且开始在欧洲流行。16世纪末期，在英国出现了一种拨琴，其体积不大，置于桌上演奏。1709年，在意大利北部的佛罗伦萨地区，一个名叫克里斯多佛利的乐器制造家，对古钢琴做了一些改进，从而成为现代钢琴。克里斯多佛利首次采用小槌击打键盘的装置，使得钢琴产生了强度不同的音响。1821年，法国乐技师埃拉尔对钢琴又做了改进，主要对打弦机的结构做了调整，它能够使钢琴弹奏出复杂的作品。1855

年，钢琴的制作又出现了明显的改进，如琴师们用毛毡代替鹿皮裹在木槌上，琴弦采取了交叉排列的方法等，而且对钢琴的结构做了新的设计。这种形制的钢琴百余年来几乎无多大改变。钢琴在明万历八年（1580年）由意大利传教士利马窦带入中国。

2.5 ☀ 交通与医学

2.5.1　汽车的诞生

18世纪蒸汽机的出现，将人类带入了蒸汽时代。由于各国工业的发展，欧洲各国军队争相使用口径和射程越来越大的火炮。军队火炮的重量迅速增加，用人推马拉的办法很难保证火炮跟随部队行动、作战。当时，有个叫尼古拉斯·约瑟夫·居纽的法国炮兵军官为了解决这一问题，开始研究和制造蒸汽汽车。1769年，居纽成功地研制了世界上第一辆以动力机械——蒸汽机带动的车辆。1886年1月29日，两位德国人卡尔·本茨和戈特利布·戴姆勒获得世界上第一辆汽车的专利权，标志着世界上第一辆汽车诞生。后来这一天就被人们称为汽车诞生日。

导图

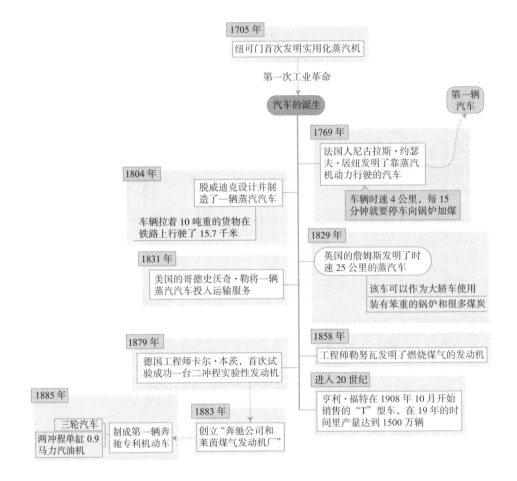

1705 年
纽可门首次发明实用化蒸汽机

第一次工业革命

汽车的诞生

第一辆汽车

1769 年
法国人尼古拉斯·约瑟夫·居纽发明了靠蒸汽机动力行驶的汽车

车辆时速 4 公里，每 15 分钟就要停车向锅炉加煤

1804 年
脱威迪克设计并制造了一辆蒸汽汽车

车辆拉着 10 吨重的货物在铁路上行驶了 15.7 千米

1829 年
英国的詹姆斯发明了时速 25 公里的蒸汽车

该车可以作为大轿车使用装有笨重的锅炉和很多煤炭

1831 年
美国的哥德史沃奇·勒将一辆蒸汽汽车投入运输服务

1858 年
工程师勒努瓦发明了燃烧煤气的发动机

1879 年
德国工程师卡尔·本茨，首次试验成功一台二冲程实验性发动机

进入 20 世纪
亨利·福特在 1908 年 10 月开始销售的"T"型车，在 19 年的时间里产量达到 1500 万辆

1885 年
三轮汽车
两冲程单缸 0.9 马力汽油机

1883 年
制成第一辆奔驰专利机动车
创立"奔驰公司和莱茵煤气发动机厂"

人物小史与趣事

戴姆勒

　　戈特利布·戴姆勒（1834—1900），德国工程师和发明家，现代汽车工业的先驱者之一。

　　1872 年，戴姆勒设计出四冲程发动机。1883 年，他与好友——著名的发明家威尔赫姆·迈巴赫合作，成功研制出使用汽油的发动机，并于 1885 年将此发动机安装在木制双轮车上，从而发明了摩托车。

　　1886 年，戴姆勒把这种发动机安装在他为妻子 43

岁生日而购买的马车上，创造了第一辆戴姆勒汽车。

★奔驰第一辆三轮汽车

卡尔·本茨和戴姆勒是奔驰汽车公司的创始人。1878年，34岁的戴姆勒首次研制成功了一台二冲程煤气发动机。1883年，开始创建"奔驰公司和莱茵煤气发动机厂"。1885年10月，本茨设计制造了第一辆装汽油机的三轮汽车。本茨最早制造的这辆车，由于性能不过关，经常熄火抛锚。但是他并没有因此而丧气。1886年1月29日，本茨取得了专利权。此后，这辆车终于以全新的面貌行驶在曼海姆城的大街上。因此德国人将1886年称作汽车的诞生年。本茨的这辆三轮汽车，现珍藏在德国慕尼黑科技博物馆，保存完好，还可以发动，旁边悬挂着"这是世界上第一辆汽车"的说明牌。这辆汽车在1994年曾以1亿马克的高价保险运到"北京国际轿车研讨及展示会"上展览。

1882年，戴姆勒辞去奥托公司职务，与朋友们共同创建汽车制造厂。1883年，他成功发明了世界上第一台高压缩比的内燃发动机，成为现代汽车发动机的鼻祖。1885年，戴姆勒将单缸发动机装到自行车上，制成了世界上第一辆摩托车。紧接着，在迈巴赫的协助下，在一辆四轮马车上装上自己的发动机，这便是世界上最早的四轮汽油汽车。1890年，他创建戴姆勒发动机公司，1926年同奔驰汽车公司合并，成立戴姆勒-奔驰汽车公司。

2.5.2　牛痘疫苗的发明

从文艺复兴时期到18世纪末叶，欧洲人口骤增，城乡人口显著增多，尤其是随着海外贸易的发展壮大，人口流动性逐渐增强，人际交往日益密切。这些发展和变化给恶性传染病的大规模流行埋下了隐患。18世纪死于天花者达1.5亿人以上。爱德华·詹纳立志解决这一重大医学难题，经过20多年刻苦研究，终于在1796年为一名8岁男孩接种了牛痘，牛痘疫苗从此产生。

导图

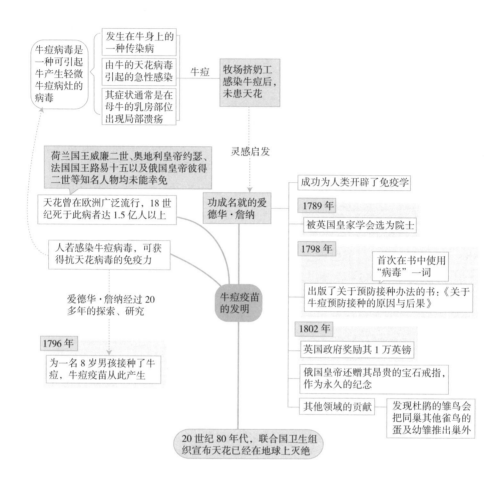

牛痘病毒是一种可引起牛产生轻微牛痘病灶的病毒

- 发生在牛身上的一种传染病
- 由牛的天花病毒引起的急性感染
- 其症状通常是在母牛的乳房部位出现局部溃疡

牛痘 —— 牧场挤奶工感染牛痘后，未患天花

灵感启发

- 荷兰国王威廉二世、奥地利皇帝约瑟、法国国王路易十五以及俄国皇帝彼得二世等知名人物均未能幸免
- 天花曾在欧洲广泛流行，18 世纪死于此病者达 1.5 亿人以上
- 人若感染牛痘病毒，可获得抗天花病毒的免疫力

功成名就的爱德华·詹纳

- 成功为人类开辟了免疫学
- 1789 年 —— 被英国皇家学会选为院士
- 1798 年
  - 首次在书中使用"病毒"一词
  - 出版了关于预防接种办法的书：《关于牛痘预防接种的原因与后果》
- 1802 年
  - 英国政府奖励其 1 万英镑
  - 俄国皇帝还赠其昂贵的宝石戒指，作为永久的纪念
- 其他领域的贡献 —— 发现杜鹃的雏鸟会把同巢其他雀鸟的蛋及幼雏推出巢外

牛痘疫苗的发明

爱德华·詹纳经过 20 多年的探索、研究

1796 年 —— 为一名 8 岁男孩接种了牛痘，牛痘疫苗从此产生

20 世纪 80 年代，联合国卫生组织宣布天花已经在地球上灭绝

人物小史与趣事

爱德华·詹纳

爱德华·詹纳（1749—1823），英国医生，经过 20 多年刻苦研究，终于证实对人接种牛痘疫苗能使人获得对天花的永久免疫能力，挽救了无数生命。他的成功还为人类开辟了一个新的领域——免疫学。他是在科学基础上征服传染病的先驱。

爱德华·詹纳以研究及推广牛痘疫苗、防止天花而闻名，被称为"免疫学之父"。

★牛痘疫苗的产生

26岁的詹纳在家乡当了一名乡村医生，他一边行医一边研究治疗天花的方法。看到大量的天花病人在痛苦中死去，他的心里很不是滋味。詹纳在以往的学习中已知道，12世纪时中国人已发明了往人的鼻孔里种人痘预防天花的方法，但问题是这种方法并不安全，轻的留下大块疤痕，重的会导致死亡。为了根绝可怕的天花，詹纳决心寻找更有效、更安全的办法。

有一次，乡村里的检察官让詹纳统计一下几年来村里因天花而死亡或变成麻脸的人数。他挨家挨户地了解，几乎家家都有天花的受害者。但奇怪的是，养牛场的挤奶女工中，却没人死于天花或变成麻子。詹纳问挤奶女工得过天花没有，奶牛得过天花没有，挤奶女工告诉他，牛也会得天花，只是在牛的皮肤上出现一些小脓疱，叫作牛痘。挤奶女工给患牛痘的牛挤奶，也会传染而起小脓疱，但很轻微，一旦恢复正常，挤奶女工就不再得天花病了。通过观察，詹纳发现挤牛奶的工人很少患上天花，于是他猜想其中必有奥妙。詹纳发现，凡是得过天花、生过麻子的人，就不会再得天花。他想或许得过一次天花，人体就产生免疫力了。挤奶女工得了一次轻微的天花，就有了对天花的免疫力。他开始研究用牛痘来预防天花，终于想出了一种方法，从牛身上获取牛痘脓浆，接种到人身上，使人们像挤奶女工那样也得轻微的天花，从此就不患天花了。

牛痘

牛痘是发生在牛身上的一种传染病，是由牛的天花病毒引起的急性感染，它的症状通常是在母牛的乳房部位出现局部溃疡。该病毒可通过接触传染给人类，多见于挤奶员、屠宰场工人，患者皮肤上出现丘疹，这些丘疹慢慢发展成水疱、脓疱，还会出现一些其他的症状。

1796年5月的一天，詹纳从一位挤奶姑娘的手上取出微量牛痘脓浆，接种到一个8岁男孩的胳臂上。不久后，种痘的地方长出痘疱，接着痘疱结痂脱落。一个多月后，詹纳在这个男孩胳臂上再接种人类的天花痘浆，竟然没有出现任何天花病征。试验证明：这个男孩已经具有抵抗天花的免疫力，詹纳的假设被证实了，詹纳为了搞清这个男孩还会不会得天花，又将天花病人的痘浆移植到他肩膀上，这样做要冒很大的风险，但事实证明，这个男孩并没有再得天花。人类从此获得了抵御天花的有效武器。

3

蒸汽动力与工业革命时期

(1780—1869 年)

　　蒸汽动力的出现，大大推动了机器的发明和使用，推动工业革命进入一个新阶段；蒸汽动力的使用，也带来了交通运输业的革命（轮船和火车），开辟了人类交通运输的新纪元，大大改善了世界各地的交通条件，使世界各地之间的联系更加密切。机械师瓦特改良蒸汽机，解决了工业生产中的动力问题，使工厂得以摆脱自然条件的限制，推动了机器的发明和使用，标志工业革命进入一个新的阶段。

 导图

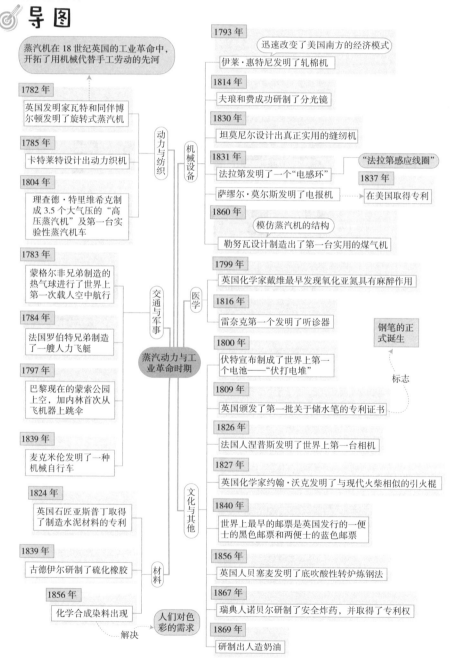

3.1 动力与纺织

3.1.1 旋转式蒸汽机的发明

蒸汽机在18世纪英国的工业革命中，开创了用机械代替手工劳动的先河，为世界的工业发展创造了辉煌。早期蒸汽机是往复式的，做往返运动。直到1782年，英国发明家瓦特和同伴博尔顿才发明了旋转式蒸汽机。

导图

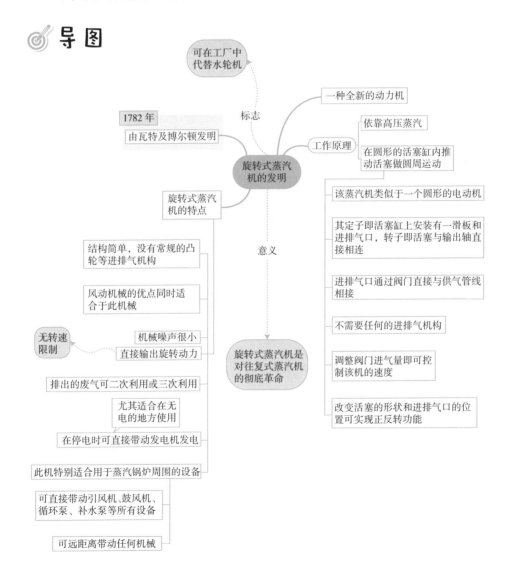

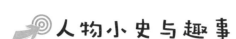

人物小史与趣事

瓦特

詹姆斯·瓦特（1736—1819），英国发明家，第一次工业革命的重要人物。

他开辟了人类利用能源的新时代，使人类进入"蒸汽时代"。后人为了纪念这位伟大的发明家，把功率的单位定为"瓦特"（简称"瓦"，符号 W）。

1785年瓦特被接受为英国皇家学会院士。

1814年成为法国科学院8名外籍会员之一。

★ 倔强的性格

瓦特从小性格就很倔强，他和别的孩子一样都喜欢玩具，但与众不同的是，到他手里的玩具一定要拆开，零件都要卸下来，要看个究竟，弄个明白，然后再按照原来的模样安装上，组合好，使玩具恢复原状。有一次，邻居家孩子的小车坏了，那个孩子很着急，瓦特将小车拿过来，鼓捣鼓捣就弄好了。

瓦特的父亲是一个穷苦的木匠，整日辛苦地劳动着，母亲负担着家务，整个家庭充满着痛苦和忧愁。童年的瓦特身体非常虚弱，贫疾交加，使他失去了进入学校读书的机会。时间长了，孩子们也都不理解他，见他整日不上学，游手好闲，常常半真半假地说他坏话，叫他"懒孩子""病包子"。瓦特听了很不高兴，他不甘心这样虚度童年，他渴望学习，要求读书。在他强烈的要求下，父母拗不过他，只好答应，不管春夏秋冬，不管怎样辛苦劳累，都要抽空教他读书、写字，有时还教他学些算术。就这样，童年的瓦特，在贫寒的家庭里，过着他那聊以自慰的学习生活。学的知识虽不多，他却记得很牢固，有时还能够举一反三。

有一天，一位客人来看望他父亲。闲聊时，客人看见瓦特正拿着一支粉笔在地板上、火炉上画些圆圈和直线。客人便关切地对他父亲说："你为什么不送孩子进学校学些有用的功课呢？在家里乱画，岂不白白浪费时光吗？"父亲马上哈哈笑起来，然后回答说："先生，你仔细看看，你看我的孩子在画什么？"客人很纳闷，他好奇地走过去，细心地瞧了一阵子，便恍然大悟地说："啊，原来是这样。这孩子画的是圆形和方形的平面图哇！这不是浪费，是在演算一个几何学上的问题。绝不是浪费。"说完后，他赞许地拍拍瓦特的肩膀。

瓦特的倔强性格，表现在他对文化科学知识的追求上，孜孜不倦，不达目的绝不收手。倔强的性格没有给他带来什么损失，相反成了他可贵的东西。

★水蒸气的启示

在瓦特的故乡——英国格林诺克的小镇，家家户户都是生火烧水做饭的。对于这种司空见惯的事，有谁留心过呢？而瓦特就留了心。有一天，他在厨房里看祖母做饭。灶上放着一壶开水，开水在沸腾。壶盖啪啪啪地作响，不停地往上跳动。瓦特观察好半天，感到很奇怪，又猜不透这是什么缘故，就问祖母说："什么东西使壶盖跳动呢？"

祖母回答说："水开了，就这样。"

瓦特并没有满足，又追问："为什么水开了壶盖就跳动？是什么东西推动它吗？"

可能是祖母太忙了，没有功夫回答他，便不耐烦地说："不知道。小孩子刨根问底地问这些有什么意思呢？"

瓦特在他祖母那里不但没有找到答案，反而受到了冤枉的批评，心里很不舒服，可是他并没有灰心。连续几天，每当做饭时，他就蹲在火炉旁边细心地观察着。起初，壶盖很安稳，隔了一会儿，水快要开了，发出"哗哗"的响声。突然，壶里的水蒸气冒出来，推动壶盖跳动了。蒸汽不住地往上冒，壶盖也在不停地跳动着，好像里边藏着个魔术师，在变戏法似的。瓦特高兴了，几乎叫出声来，他把壶盖揭开盖上，盖上又揭开，反复验证。他还将杯子、调羹遮在水蒸气喷出的地方。瓦特终于弄清楚了，是水蒸气推动壶盖跳动，这水蒸气的力量还真不小呢！

水蒸气推动壶盖跳动的物理现象，正是瓦特发明蒸汽机的认识源泉。

知识链接

水蒸气

当水达到沸点时，水就变成水蒸气。在海平面1标准大气压下，水的沸点为99.974℃或212°F或373.15K。当在沸点以下时，水也可以缓慢地蒸发成水蒸气。而在极低压环境下（小于0.006个大气压），冰会直接升华变水蒸气。水蒸气可能造成温室效应，是一种温室气体。

瓦特长大了，一直想着怎样利用水蒸气的事。后来，他经过多次试验，又学习了别人的经验，终于发明了旋转式蒸汽机。

★丰硕的成果

　　有一次，格拉斯哥大学里的一台纽可门蒸汽机坏了，让瓦特来修复。他像熟练的机械工人一样，动手修理着。修理完毕，瓦特在汽锅里放了水，机器便发动起来。可是，几分钟后便停了。什么缘故呢？经过仔细琢磨，瓦特发现这种机器存在着很严重的缺点，那就是汽筒裸露在外边，四周的冷空气使它温度逐渐下降，蒸汽放进去，还没等汽筒热透，就又有一部分变成水了。要使汽筒再变热，又消耗了好多蒸汽，这样一冷一热，又一热一冷反复循环下去，只能有1/4的蒸汽做功。其余3/4要浪费掉。这是一种多么不经济的蒸汽机啊！问题提出来了，一向善于动脑筋刻苦钻研的瓦特，怎么能放过去呢？他想："解决问题的途径，必须从保持汽筒的温度开始考虑。可是怎么保持呢？"他思索着，叨念着。有时查阅书籍，有时找别人交谈，有时一个人在房间里比划着。过了好久，有一天，瓦特在格拉斯哥大学草坪上散步时，忽然想出了解决的办法：假如在汽筒的外边安装上一个"分离凝结器"，蒸汽就可以在"凝结器"内化成水，汽筒便不会冷却，不致浪费热量了。瓦特豁然开朗，立即回到了房间开始工作。瓦特废寝忘食地研究，夜以继日地实验，排除了重重困难，终于制成了"分离凝结器"。这是瓦特对蒸汽机的最大贡献。

知识链接

蒸汽机原理

　　蒸汽机是靠蒸汽的膨胀作用来做功的。当司炉把煤填入炉膛时，煤在燃烧过程中，它蕴藏的化学能就转换成热能，把机车锅炉中的水加热、汽化，形成400℃以上的过热蒸汽，再进入蒸汽机膨胀做功，推动蒸汽机活塞往复运动，活塞通过连杆、摇杆，将往复直线运动变为轮转圆周运动，带动机车动轮旋转，从而牵引列车前进。

　　1769年，瓦特将蒸汽机改为发动力较大的往复式发动机。后来又经过多次研究，于1782年，完成了新的蒸汽机的试制工作。机器上装有联动装置，将往复运动改为旋转运动，完善的蒸汽机发明成功了。由于蒸汽机的发明，加之英国当时煤铁工业发达，因此英国就成为世界上最早利用蒸汽推动铁制"海轮"的国家。19世纪，开始海上运输改革，一些国家进入了所谓的"汽船时代"。随后，煤矿、工厂、火车也都应用了蒸汽机。体力劳动解放了，经济发展了，这不得不说是蒸汽机发明的成果。因此，瓦特在世界上享有盛名。

3.1.2　动力织机的发明

18世纪末，水和牲畜已经应用于纺织行业中，人们利用一些牲畜带动织机。英国牧师卡特莱特在1785年设计出一种用机器带动的织机，两年后这种机器被正式制造出来。

导图

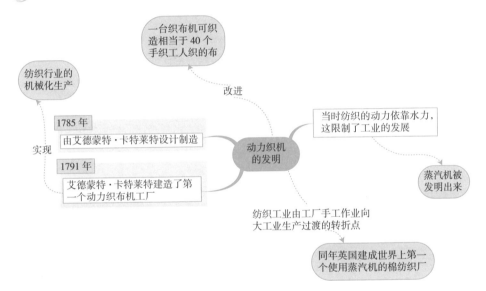

3.1.3　铁路蒸汽机车的发明

铁路运输是在19世纪20年代发展起来的，它的前驱是英国17世纪的木轨和18世纪的铁轨上的手推和马拉车辆运输。1804年英国人理查德·特里维希克制成3.5个大气压的"高压蒸汽机"及第一台实验性蒸汽机车，在默瑟尔和加尔第夫之间的铁路上行驶了14公里左右。1815年他又制成了7个大气压和热效率超过7%的蒸汽机车，功率在100马力（1马力=745.7瓦）之上，为后来斯蒂芬逊完成火车的发明奠定了基础。1826年～1830年9月，斯蒂芬逊和他的儿子一起制成第一台载客火车"火箭号"，在竞赛中获胜，从此开始了蒸汽机车铁路运输的时代。

导图

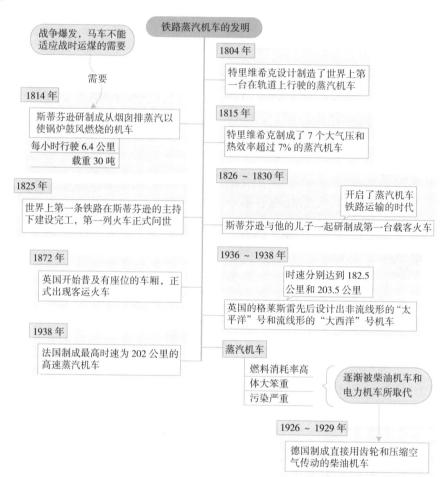

铁路蒸汽机车的发明

战争爆发，马车不能适应战时运煤的需要

需要

1804 年
特里维希克设计制造了世界上第一台在轨道上行驶的蒸汽机车

1814 年
斯蒂芬逊研制成从烟囱排蒸汽以使锅炉鼓风燃烧的机车

每小时行驶 6.4 公里
载重 30 吨

1815 年
特里维希克制成了 7 个大气压和热效率超过 7% 的蒸汽机车

1825 年
世界上第一条铁路在斯蒂芬逊的主持下建设完工，第一列火车正式问世

1826 ~ 1830 年
开启了蒸汽机车铁路运输的时代
斯蒂芬逊与他的儿子一起研制成第一台载客火车

1872 年
英国开始普及有座位的车厢，正式出现客运火车

1936 ~ 1938 年
时速分别达到 182.5 公里和 203.5 公里
英国的格莱斯雷先后设计出非流线形的"太平洋"号和流线形的"大西洋"号机车

1938 年
法国制成最高时速为 202 公里的高速蒸汽机车

蒸汽机车
燃料消耗率高
体大笨重
污染严重

逐渐被柴油机车和电力机车所取代

1926 ~ 1929 年
德国制成直接用齿轮和压缩空气传动的柴油机车

人物小史与趣事

斯蒂芬逊

　　乔治·斯蒂芬逊（1781—1848），英国铁路机车的主要发明家。

　　他 17 岁才开始学习文化，全靠自学成才。1814 年，制成能牵引 30 吨重量的蒸汽机车；1825 年，设计研制成世界上第一台客运蒸汽机车"旅行号"，被誉为"铁路机车之父"。

　　1826 年，曼彻斯特与利物浦这两大城市之间的铁路开始修筑。3 年后，斯蒂芬逊亲自驾驶他新设计制造的

"火箭号"，参加了通车仪式。

★ "自不量力"的小伙子

乔治·斯蒂芬逊是英国铁路机车发明家。1781年6月9日，斯蒂芬逊生于英国莱茵河畔诺森伯兰城西南的一个小村子。斯蒂芬逊的父亲是矿上一名抽水操作工，全家人挤在一间靠近矿井的小屋里，过着十分贫困的生活。斯蒂芬逊的父母亲都目不识丁，在他们的结婚证上，两个人只是画着十字代替签名。父亲微薄的薪金根本无法送6个孩子去上学，刚满8岁的小斯蒂芬逊只好去当放牛娃。由于父亲的缘故，斯蒂芬逊从小就和蒸汽机结下了不解之缘。当时，矿井里已经开始用蒸汽机抽水，父亲每天都和蒸汽机打交道，天天都干得满身是汗，身上也熏得漆黑。对此，小斯蒂芬逊不但不反感，反而觉得父亲这种形象特别带劲儿。他在心中暗暗盼望自己赶快长大，将来也能像父亲那样，去当个煤矿工人，那样就可以整天和蒸汽机做伴了。斯蒂芬逊平时最喜欢的游戏就是用泥土制作蒸汽机模型，先将泥土捏成汽缸、活塞和飞轮等形状，然后装配好放在火上烧硬，还真像那么回事。

父亲见他如此喜爱蒸汽机，便在斯蒂芬逊14岁那年安排他到矿上做见习司炉，实现了他童年的愿望。斯蒂芬逊高兴极了，他终于可以和日夜渴望摆弄的蒸汽机相伴了。尽管他的工作十分单调，每天只是定时为蒸汽机添煤加油，经常将自己弄得满身油腻，但他不但不觉得苦，反而为自己现在也能够像父亲一样而感到很自豪。当然，好奇心很强的斯蒂芬逊并不满足于只是为蒸汽机干"上料"的活儿，斯蒂芬逊一有空儿就琢磨他这个心爱的"朋友"，总是在不停地发问：它为什么靠"吃煤"就能干活儿？它干起活儿来为什么总是发出"轰隆轰隆"的声响？斯蒂芬逊有时甚至想，自己从前放的牛能够拉车，看这家伙提水的"劲儿"，它的力气一定比牛大得多，能不能也用它来拉车呢？它要拉车一定会比牛车快得多！

从那以后，斯蒂芬逊开始留心机器的每一处结构和功能。每当机器发生故障技师们来修理机器时，就是他最兴奋的时候。碰到这种情况，蒸汽机的司炉和操作工人都借机去休息了。可是好学的斯蒂芬逊却留下来为修理技师们打下手。他仔细观察技师们的每一个动作和拆下来的零部件，并且抓住技师们心情较好的时机提出一些问题，请求他们给予解答。这样，斯蒂芬逊逐渐对蒸汽机的内部构造有了初步的了解，并对它的拆装步骤也略知一二。但他仍觉得不"解渴"，这个神秘的家伙似乎还挡着一层"帘"，于是他决定要揭去这张"帘"。为此，他暗自做了一个大胆的决定。

有一天，工人们都下班走了，斯蒂芬逊找到工头向他汇报说，这几天机器噪声甚大，恐怕是机器内部的泥灰阻碍了部件的运动。他主动提出，愿意利用下班时间将其内部清理一下。工头急着回家度周末，便带几分赞许地同意了。

于是，斯蒂芬逊对蒸汽机来了个大拆卸，将所有的零部件都拆开来，并且加以归类，分析了各种零部件的作用和功能。他感到从没有过的畅快，对自己的这个伙伴可以说是完全了解了，兴奋之余，他才注意到天色已晚。装机时，他发现重新装配比拆卸一台机器难多了，好在平时的观察积累了一些经验，他忙活了好半天，终于将蒸汽机重新又装了起来。

在了解蒸汽机的构造之后，斯蒂芬逊产生了新的想法，他想自己设计制作一台小型蒸汽机。于是，他先画好了图，然后拿去给煤矿的机械技师长看。技师长对这个年轻的司炉工如此了解蒸汽机的结构深感惊奇。这位爱才的老技师长劝他先不要急于制造机器，而是要先学习文化，掌握一些科学技术知识，那样就可以不仅模仿人家的东西，还可以创制出更好的机器。听了技师长的话，斯蒂芬逊便下定决心到夜校去学习文化。从此，斯蒂芬逊白天在煤矿做工，晚上到夜校学习，而且还经常抽出时间给人家修补皮鞋，用赚来的钱购买书籍。一旦掌握了打开知识大门的钥匙，斯蒂芬逊修理机器的技能便更上了一层楼。

★历史性的创举

1821年，英国政府决定在斯托克敦至达林顿之间铺设铁路。建成后，这条铁道将成为英国第一条公用铁路，总长约40公里。斯蒂芬逊由于在铁路建设方面已经颇有声望，被聘请担任该项铁路建设工程的总工程师。斯蒂芬逊早就想把蒸汽机车推向社会，使之成为一种通用的交通工具。他认为应该抓住现在这个机会，使蒸汽机车在公众面前展露风姿。为此，斯蒂芬逊在指导铁路建设工程的同时，于1832年与两个共同出资者建立了世界上第一个机车制造工厂，并且在厂内开始研制新型机车。

1825年，斯蒂芬逊在长期积累经验的基础上，成功研制出了世界上第一台比较完善的客货两用机车，它拖有38节车厢，载重达90吨，时速达到24公里，命名为"旅行1号"。同年9月27日，在斯托克敦至达林顿之间的铁路建成之日，斯蒂芬逊亲自驾驶"旅行1号"举行了通车仪式。在这一天，斯托克敦市市民以及周围的村民们，聚集在"旅行1号"周围，好奇地打量着这个漆黑庞大的"铁家伙"，兴奋地议论着。还有很多人特意骑马前来，要与它比速度，一争高下。时钟指向九点，斯蒂芬逊和600多名特约乘客，包括部分国会议员和英国交通公司董事长，一起登上了"旅行1号"。斯蒂芬逊向车下兴奋的人群挥了挥手，然后熟练地发动了机车。随着一声汽笛长鸣，烟囱里冒出了大团乳白色的烟雾，机车在轰鸣声中开动了，车下顿时一片欢腾，车上的人们激动地挥动手臂，有的人骑马追随火车奔驰，场面十分壮观，人们在共同为蒸汽机车的成功而欢呼，具有广泛用途的蒸汽机车正式诞生。至今，这台第一次拉载着600名乘客走完了33公里路程的火车头，仍然陈列在达林顿的博物馆里，它的轨距是当时英国邮政马车普遍采用的轨距——1435毫米。这个轨距后来为许多国家所采用，并且一直沿用至今。

然而，围绕着是否发展蒸汽机车铁路运输的争论却很激烈，特别是当1826年英国最大规模的铁路工程——曼彻斯特至利物浦两大城市间的铁路工程准备上马时，更遭到了空前的反对。沿线的居民们担心房倒屋塌，更主要的是那些经营运河航运的资本家，由于自己的经济利益要受影响而强烈反对。由于受到反对，英国议会经过了很长时间的辩论才批准了这项工程。承担该项目工程的建筑公司以每年2000英镑的高薪，再次聘请斯蒂芬逊担任筑路总工程师。在工程建设过程中，斯蒂芬逊曾经碰到许多非常困难的技术问题。这一带地理条件非常不利，必须建造很多隧道和涵洞。此外，铁路还要穿过沼泽和河流地带，为此必须筑堤以及修建桥梁。好在他的儿子罗伯特已经长大，成了他的得力助手。在工程中，罗伯特多次独立担当起架桥的重任。有时为了求出最佳桥形，斯蒂芬逊也和儿子一起搞试验，最后搞清了横梁的刚性所起的作用。在这些实验中，斯蒂芬逊对板结构梁的设计理论进行了研究，并且有了较大的突破。

铁路建成了，至于选什么样的机车一时还无法确定。政府决定在莱茵希尔举行一次"机车竞赛会"，以便选出最佳机车。斯蒂芬逊十分赞成举行这样的竞赛会。为了参加比赛，他同儿子一起，特别制造了一台新的机车——"火箭号"。

1829年秋，候选者集合在出发地点，参赛的共有5台机车。据当天的《利物浦光明报》报道，观看这次比赛的观众达一万多人。"火箭号"在车厢载满旅客的情况下时速达到40公里。最后，"火箭号"以56公里的时速作"光荣"之行时，宣告它取得了全部胜利。报纸在报道中惊呼："这次比赛将改变国内整个交通结构。"

1830年9月15日，曼彻斯特至利物浦的铁路正式通车后英国便掀起了修建铁路的热潮。1838年，英国铺设的铁路里程为79公里，1843年为3000公里，1848年达8000公里，10年增加了10倍，斯蒂芬逊作为蒸汽机车的奠基人，受到了人们无比的敬仰，各家铁路公司都争先恐后地聘请他当顾问。在一次众议院的演讲中，斯蒂芬逊不无自豪地说："全英国所有的铁路，没有一条与我没有关系。"受英国的影响，欧洲各国也在纷纷修建铁路，铁路很快成了世界各国最大的产业，蒸汽机车和铁路成了人类交通运输的主要工具。

斯蒂芬逊将自己绝大部分精力和年华，都贡献给了他毕生为之奋斗的蒸汽机车制造和铁路建设事业。他从青少年时起就不畏艰难、刻苦自学、锲而不舍、勇于探索，为人类的陆地运输做出了杰出的贡献。

3.2 ☀ 机械设备

3.2.1 轧棉机的发明

　　发明家、机械师和制造商伊莱·惠特尼在1793年发明制造的轧棉机迅速改变了美国南方的经济模式，他推行的可替换部件，极大促进了美国北方工业发展。

✐ 导 图

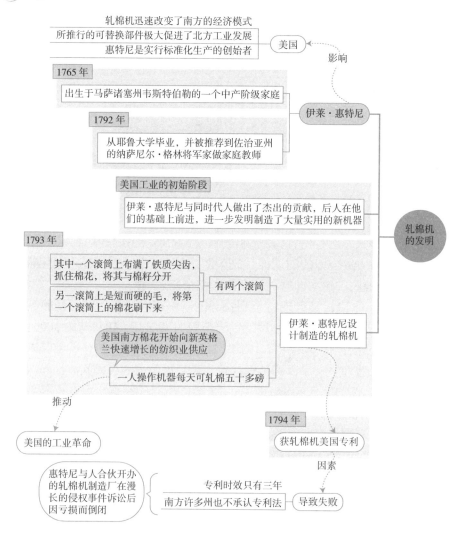

人物小史与趣事

★惠特尼与轧棉机

惠特尼出生于美国马萨诸塞州韦斯特伯勒，受教于耶鲁大学，作为一位发明家和机械工程师，惠特尼最为人所知的成就是发明了轧棉机，将相关流程的生产效率提高了约50倍，从而使得美国南方山地短纤维的棉花成为一种经济作物。轧棉机的发明，一方面促进了当地的经济繁荣，另一方面却极大地巩固了南方蓄奴制庄园的经济，从而无意中为美国南北战争的战前格局埋下伏笔。

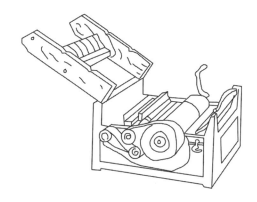

尽管轧棉机的发明带来了巨大的社会冲击，且这种机器很快供不应求，但惠特尼于1794年获得的专利仅在1807~1812年受到法律保护，因此他的发明使仿制者大发横财，而他本人却获利甚微。围绕着其专利的法律纠纷蚕食了惠特尼从中获得的利润，令惠特尼不得不通过美国政府的军火订单来弥补开销。1900年，惠特尼的名字和事迹被选入美国名人纪念馆。

3.2.2　分光镜的发明

夫琅和费一生之中最为辉煌的成就不是那架令世人折服的折射望远镜，而是他发明了观看天体光谱的望远镜。夫琅和费在磨制透镜的过程中，对光的各种折射情况及各种玻璃的折射特性发生了兴趣。1814年，夫琅和费在反复研究牛顿的分光实验之后，成功研制出观测天体光谱的望远镜，称之为分光镜。

导图

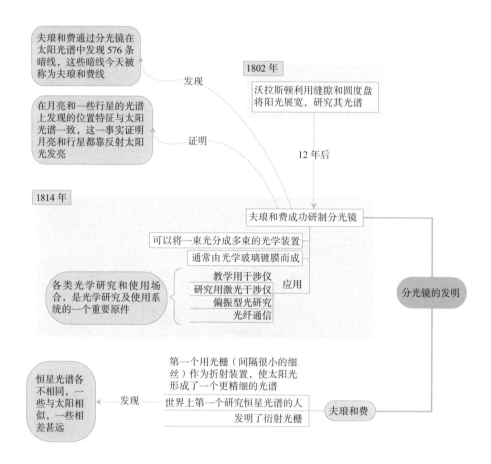

夫琅和费通过分光镜在太阳光谱中发现576条暗线，这些暗线今天被称为夫琅和费线

在月亮和一些行星的光谱上发现的位置特征与太阳光谱一致，这一事实证明月亮和行星都靠反射太阳光发亮

发现

证明

1802年

沃拉斯顿利用缝隙和圆度盘将阳光展宽，研究其光谱

12年后

1814年

夫琅和费成功研制分光镜

可以将一束光分成多束的光学装置

通常由光学玻璃镀膜而成

各类光学研究和使用场合，是光学研究及使用系统的一个重要原件

教学用干涉仪
研究用激光干涉仪
偏振型光研究
光纤通信

应用

分光镜的发明

第一个用光栅（间隔很小的细丝）作为折射装置，使太阳光形成了一个更精细的光谱

恒星光谱各不相同，一些与太阳相似，一些相差甚远

发现

世界上第一个研究恒星光谱的人发明了衍射光栅

夫琅和费

人物小史与趣事

夫琅和费

约瑟夫·冯·夫琅和费（Joseph von Fraunhofer，1787—1826），德国物理学家，主要贡献集中在光学方面。

1814年，他发明了分光镜，在太阳光的光谱中，他发现了576条暗线，这些线后来被称作夫琅和费线。

到1818年，夫琅和费已经成为光学学院的主要领导。因夫琅和费的努力，巴伐利亚取代英国成为当时光学仪器的制作中心，连迈克尔·法拉第也只能甘拜下风。

★夫琅和费线之谜

1814年，德国望远镜制造家夫琅和费在制造高质量透镜时，需要确定玻璃的折射特性，研究了大量太阳光谱。他发现在七彩斑斓的太阳光谱中有一条条暗线，共计576条，其中最突出的8条他用A、B、C、D、E、F、G、H 8个字母来标记。后人为了纪念他的功绩，将太阳光谱中的这几百条暗线称为"夫琅和费线"。那么，太阳光谱中为什么会有夫琅和费线？夫琅和费线标志着什么？这成了天文学上的一个谜。

知识链接

夫琅和费线

1814年，德国物理学家夫琅和费利用自制光谱装置观察太阳光时，在明亮彩色背景上观察到576条狭细的暗线。这些暗线被称为夫琅和费线，实际上约有3万多条。这些谱线是处于温度较低的太阳大气中的原子对更加炽热的内核发射的连续光谱进行选择吸收的结果，把这些谱线的波长与地球上已知物质的原子光谱进行对比，可以发现太阳表层中包含的67种化学元素。

1859年，德国物理学家基尔霍夫在研究太阳光谱时，将灼烧着食盐的火焰放在太阳光束经过的路径上，再让太阳光束进入光谱仪。他原以为太阳光中也有食盐发出的那种黄色光，再加上食盐火焰发出的黄色光，在光谱仪上看到的应当是更强的黄色光，但结果却相反，在应该出现亮线的地方出现了暗线，且暗线的位置恰恰与太阳光谱中原有的两条暗线D_1、D_2相重合。这个现象意味着，如果亮线表示发射，则暗线就表示吸收。

由此，基尔霍夫想到了太阳光谱中的几百条夫琅和费线，它们应该是由太阳外层大气中包含的多种物质的吸收所造成的。例如，既然在太阳光谱的暗线D_1、D_2中有钠的黄色特征线，那么由此可以推断，太阳大气中必定含有钠元素。夫琅和费暗线之谜解开了。在此之前，人们通过望远镜只能观察天体的外部面貌，而无法研究天体的内在结构（例如某天体是由哪些元素构成的），因为人们无法亲自到这些天体上去看个究竟。有了天体光谱的研究后，天体的构成之谜就逐一解开了。目前，已对上千条太阳光谱中的暗线做了认证，在太阳上找到了67种地球上有的元素。同时，天体物理学家研究了其他的恒星光谱，这就大大丰富了人类对宇宙的认识。

3.2.3 缝纫机的发明

18世纪中叶工业革命后，纺织工业的大生产促进了缝纫机的发明和发展。托马斯在1790年发明了一个新装置，这种装置具有现代缝纫机的许多特点，但是没有带针尖和针孔的针。直到1830年，法国的一个叫坦莫尼尔的裁缝设计出了一种真正实用的缝纫机。

导图

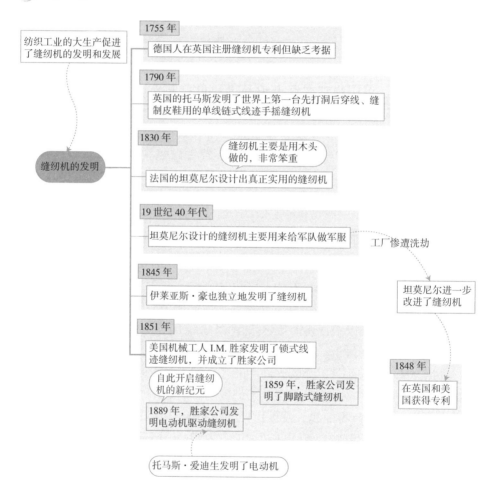

3.2.4 变压器与发电机的发明

在电学实验中，法拉第将两卷电线绕在一个铁环上，当他将其中一个线圈接到电源上时，另一个未接通的线圈上有一阵电流通过。再关掉电源，第二个线圈就出现一个脉冲，就这样在1831年，法拉第发明了一个"电感环"，称为"法拉第感应线圈"，这实际上是世界上第一只变压器的雏形。同年法拉第又发明了发电机。

导图

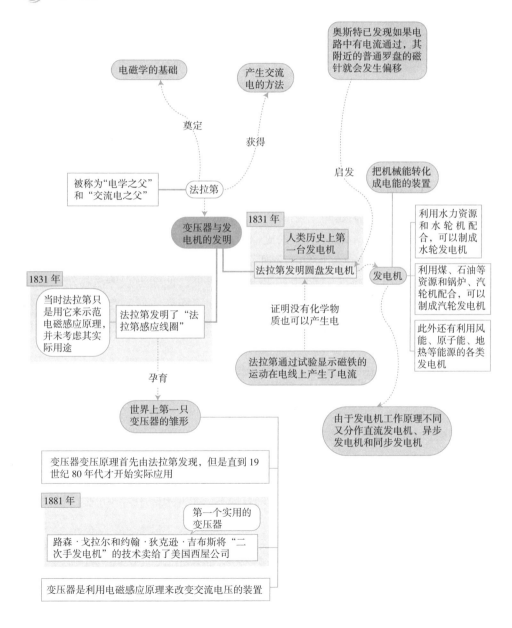

人物小史与趣事

法拉第

迈克尔·法拉第（1791—1867），英国物理学家、电磁学家、化学家。

迈克尔·法拉第是英国著名化学家戴维的学生和助手，他的发现奠定了电磁学的基础，是麦克斯韦的先导。1831年10月17日，法拉第首次发现电磁感应现象，进而得到产生交流电的方法。1831年10月28日法拉第发明了圆盘发电机，这是人类创造出的第一台发电机。

由于他在电磁学方面做出了伟大贡献，被称为"电学之父"和"交流电之父"。

★人穷志坚的少年

迈克尔·法拉第是英国物理学家和化学家、近代电磁学的奠基人。1791年9月22日，法拉第出生在英国纽因敦城一个普通的铁匠家庭，祖先有爱尔兰血统。法拉第的父亲是一个吃苦耐劳、笃信宗教的人，名叫詹姆士·法拉第。法拉第一家六口，靠父亲打铁糊口，生活非常艰苦。法拉第小时候对字母"R"的读音不准，这使得他的老师很恼火。有一天，老师将法拉第的哥哥叫到身边，给他半个便士，要他去买一根藤条来，他要当众揍法拉第一顿来教训他。哥哥走出教室将拿到的半个便士扔到了墙外，然后跑回家将此事告诉妈妈。法拉第的妈妈疼爱孩子们，于是决定让法拉第兄弟退学，法拉第也从此离开校园。

法拉第的童年生活没有留下更多的记载，根据他后来的回忆，其童年是在饥饿中度过的。幼年生活的困苦，锻炼了法拉第朴素而坚忍的性格。法拉第在13岁时就去做工，在一家书报店里当上了订书工。面对众多书籍，他每当空闲时便会贪婪地阅读，书本将他带到了一个奇妙的世界。在法拉第所读到的书籍中，他最爱看的是《大英百科全书》，特别是吉尔伯特·富兰克林这些先驱者的电学知识，使他受益匪浅。对于其他的科普读物，法拉第也很感兴趣。有一本名叫"科学对话"的小册子写得饶有趣味，他最初的化学知识就是从这本书里汲取的。

从13岁到21岁，正是长知识、长身体的黄金时期。法拉第这个阶段在书店当了8年的学徒，相当于上了8年学，这为他后来从事科学研究打下了重要的基础。1812年，一位顾客送给法拉第一张化学家戴维在皇家学院讲演的门票。法拉第对戴维敬仰已久，在听讲演时无比认真，并做了详细的笔记。之后，又将笔记精心装订，附上一封求职信，送呈皇家学会会长约瑟夫·班克斯爵士。可是班克斯却留言："此信无须答复。"皇家学会会长对这个无名小辈不予理会。有趣的是，事隔40年后，当廷德尔教授请法拉第出任英国皇家学会会长时，他对这一享有殊荣的职位也采取了不屑一顾的态度。他说："廷德尔，我决心一辈子当一个平凡的迈克尔·法拉第。"

★一专多能的法拉第

虽然法拉第在物理学方面做出了杰出的贡献，但其最初的成就却是在应用化学上。早在1816年，25岁的法拉第就在《科学季刊》上发表了第一篇化学论文。1818年，他写了一篇关于火焰的学术报告，并大胆指出了名家理论的谬误。这篇论文标志着法拉第科学上的准备时期已经结束。法拉第在戴维的引导下，经过刻苦钻研，勤奋工作，终于成为一名年轻有为的化学家。1820年起，法拉第开始把化学分析应用于社会和生活，他曾为东印度公司化验硝酸钠，为英国海军部化验食物和海水样品。他用实验发明了液化气体的方法，发现了苯这种有机物，在有机化学方面做出了杰出的贡献。

1834年，法拉第在电化学领域做出了卓越的贡献。他在戴维多年工作的基础上，发现了著名的电解定律。这个定律找出了电解的时候物理现象和化学现象定量的联系，成为化学的基本定律。电化学的开创人是戴维，后来法拉第将其发扬光大。

法拉第还对电解质和电导体进行了深入的研究。在实验中，他感到当时电学中沿用的旧名称很混乱，不但词不达意，还常有谬误。法拉第认为随着新的电学理论的出现，有必要对旧名称来一次清理。他废除了一些过时的旧名称，更换了新名。例如电极、阳极、正极、阴极、负极、电解质、电解离子等就是法拉第首先使用的。这些名词一直沿用到现在。

知识链接

电解质

电解质是溶于水溶液中或在熔融状态下能够导电（自身电离成阳离子与阴离子）的化合物。电解质本身不一定能导电，而在溶于水或熔融状态时电离出自由移动的离子后就能导电。

★锲而不舍的发明家

丹麦科学家奥斯特在1820年发现了电流的磁效应，首次揭示出电和磁的密切联系。这件事刷新了电学史，而29岁的法拉第也被这个重大发现所吸引。他重复了奥斯特的实验。果然，南北指向的磁针在通电导线下面会转成东西方向。为了探求原因，法拉第怀着极大的兴趣，在戴维的鼓励下毅然决然闯进了电磁学这个未知的领地，沿着化学家奥斯特的发现继续深入探索。

年轻的法拉第专门设计了一套装置进行电磁研究。他将两个紧密耦合而又互相绝缘的组合线圈与开关、电瓶和电流计分别连接，试图反其道而行之，使初级线圈接通电流后，次级线圈能够感应出电流来。但是事与愿违，法拉第的实验重复了无数次，但不见成效。时间像江河一样流逝，法拉第成功的信念毫不动摇，他不断加大电池组，不断以各种材料改进实验仪器，坚韧不拔地探索着科学的奥秘。

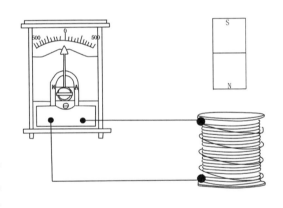

经过反复不断的改进、实验和百折不挠的努力，法拉第终于在1831年的秋天，在他的实验室里解开了一直为大家所困扰的谜：磁铁和初级线圈一样穿过次级线圈环，电流计的指针也随着磁铁的运动而摆动。原来是通过次级线圈的磁通量的变化引起了感应电流，即电磁感应现象。法拉第酝酿和追求了10年的理想终于得以实现，继奥斯特等人的实验之后，进一步揭示出电和磁互相转化的辩证关系，为近代电磁学奠定了基础。也正是在这个基础上，法拉第制造出世界上第一台感应发电机。

知识链接   电磁感应定律公式

电路中感应电动势的大小，跟穿过这一电路的磁通量的变化率成正比。用公式表示如下：

$$E = n\frac{\Delta\Phi}{\Delta t}$$

式中　E——感应电动势；

n——感应线圈匝数；

$\dfrac{\Delta \Phi}{\Delta t}$——磁通量的变化率。

为了定量表述电磁感应定律，法拉第设想一种曲线，其任意一点的切线方向均与磁力在这一点上的方向一致，这种曲线就是磁力线，磁力线可以充满整个空间。他于1837年又进一步提出了"场"的全新概念，但是这一学说在当时遇到了极大的阻力，不被人理解。因为当时牛顿力学是物理学的主宰，"超距作用"观念不但支配了天体力学，也影响到电磁学。人们普遍认为力的传递（包括电力和磁力）是即时而超距的。而法拉第从大量的实验事实出发，对"超距作用"观念提出了怀疑。他相信"物质到处存在，没有不被物质占有的中空地带"，因此电力和磁力不能凭空传递。法拉第经过十几年的酝酿，找到了杰出的"力线"概念，认为导线中感应电流的大小完全取决于导线切割磁力线的数目。用这种全新眼光来观察，电荷或磁极周围布满了向各个方向散发出去的力线，电荷或磁极就是力线的起点。从这一事实出发，法拉第首次提出"磁场"的概念。他把布满磁力线的空间称为磁场，磁力就是通过连续的"场"传递的。这样，法拉第的"磁场"理论动摇了牛顿力学的神圣殿堂。但这一观点只能以直观形式表达，缺乏严谨的体系和精确的数学语言，因此他这些卓越的思想被粗糙的表现形式所掩盖。这一缺憾是后来由数学家出身的麦克斯韦来弥补的。当麦克斯韦方程以简洁的形式表现出"场"的状态和电磁学的统一关系时，人们才清晰地看到了法拉第电磁观点耀眼的光辉。

★对科学的热爱

1835年，英国内阁首相罗伯特·皮尔爵士建议设立一种年金，奖给在科学或文学领域有杰出贡献的人。在新设立的年金中，有一项准备授予法拉第。皮尔首相很赏识法拉第的卓越成就，他曾对人说："我相信，在活着的学者当中，没有一位比法拉第先生更有资格得到政府的关照。"

法拉第得知这个消息之后，马上给首相写了封信，表示自己可以自食其力，坚决拒绝这份年金。这封信在寄出前被朋友们制止了，觉得这样做有些失礼，并且他的生活境况确实很窘迫。朋友们劝法拉第改变主意，但法拉第执意不肯。在事情最后决定以前，由于保守党内阁倒台，皮尔首相因此离职，由梅尔本勋爵继任首相。

一天，新首相亲临皇家学院视察，邀请法拉第去办公室面谈。在众人的劝说下，法拉第应约前去。而这位勋爵却在言谈中流露出了对科学技术人员的轻视。他认为年金对文臣武将来说是受之无愧的，而对科学家或者作家来说，那就算是一种恩惠了。法拉第听到这话后，感到是对科学的一种侮辱。他原本就不愿意前来，碍于情面才来赴约，结果却被羞辱。法拉第立刻结束谈话，告别回家。当天晚上，梅尔本勋爵收到法拉第一张便条，措辞简短而坚决，大意为"既然这样，恕难接受恩惠"。勋爵读完便条，才知道他触怒了法拉第。起初他还觉得好笑，但事情传开以后，他才意识到问题的严重性。此时，一位同双方相识的贵夫人，看到首相大人下不了台，于是出面调解。她给法拉第做了几次工作，并婉言劝他收下年金，但是法拉第态度坚决，执意不收。调解人最后只好问法拉第，究竟要梅尔本勋爵怎样做，才能使他满意。法拉第回答说："除非他向我书面道歉。不过，这一点我既没有权力也没有理由要求他做到。"第二天，首相亲笔写的道歉信居然送来了。道歉信坦率而客气，这场"年金事件"才算圆满解决。在圣诞节前夕，政府宣布授予法拉第一项特别年金，每年300镑，用以表彰他对英国科学事业的特殊贡献。圣诞节过后不久，一家时报登出法拉第的相片，标题用的是醒目的黑体字：名师高足，后来居上——迈克尔·法拉第教授即将被授予爵士称号。文章还对"未来的贵族法拉第爵士"作了一番绘声绘色的描写，说他喜欢喝香槟，爱唱乡村俚曲，绘画天分超过他的物理才能等。法拉第看到报纸之后，只一笑了之。朋友们却坐不住了，有的跑来打听消息是否属实，还有的捧着香槟前来祝贺。法拉第仍然报以淡淡一笑，"没有的事！""再说，我干嘛要当爵士呢？"传闻很快得到证实。从内阁传出消息，皇室的确考虑要封法拉第为爵士。按照英国皇室的传统，授予杰出人物以贵族称号。但是当内阁几次派人来说明此意时，法拉第均予以谢绝。他答复说："我以生为平民为荣，并不想变成贵族。"这是法拉第与其恩师戴维很大的不同。戴维以受封爵士为荣，并且喜欢到处用爵士头衔签名。法拉第却拒绝了贵族称号，因为他永远是一个来自人民又造福人民的平民科学家。

3.2.5　电报机的发明

电报这种快速通信手段，不论对人们的日常生活，还是对军事活动，都具有重要作用。发明实用电磁电报机的人，既不是物理学家，也不是工程师，而是一位画家，是一位从41岁开始学习电学和机械知识的外行人——萨缪尔·莫尔斯，并于1837年在美国取得专利。

导图

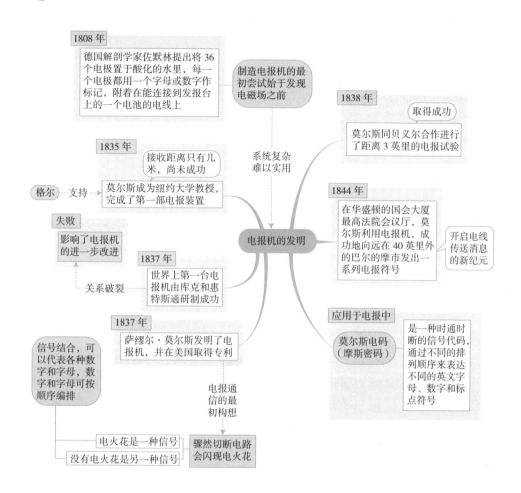

1808年
德国解剖学家佐默林提出将36个电极置于酸化的水里，每一个电极都用一个字母或数字作标记，附着在能连接到发报台上的一个电池的电线上

制造电报机的最初尝试始于发现电磁场之前

1838年
取得成功
莫尔斯同贝义尔合作进行了距离3英里的电报试验

1835年
接收距离只有几米，尚未成功
莫尔斯成为纽约大学教授，完成了第一部电报装置

格尔 — 支持

系统复杂难以实用

1844年
在华盛顿的国会大厦最高法院会议厅，莫尔斯利用电报机，成功地向远在40英里外的巴尔的摩市发出一系列电报符号

开启电线传送消息的新纪元

失败
影响了电报机的进一步改进

电报机的发明

1837年
世界上第一台电报机由库克和惠特斯通研制成功

关系破裂

应用于电报中
莫尔斯电码（摩斯密码）

是一种时通时断的信号代码，通过不同的排列顺序来表达不同的英文字母、数字和标点符号

1837年
萨缪尔·莫尔斯发明了电报机，并在美国取得专利

信号结合，可以代表各种数字和字母，数字和字母可按顺序编排

电报通信的最初构想

电火花是一种信号
没有电火花是另一种信号
骤然切断电路会闪现电火花

人物小史与趣事

莫尔斯

萨缪尔·莫尔斯（1791—1872），享有盛誉的美国画家、电报之父。

1839年他发布了他的第一项发明"莫尔斯电码"。电报就是运用"莫尔斯电码"来传递信号的，1844年莫尔斯从华盛顿到巴尔的摩拍发人类历史上的第一份电报。在座无虚席的国会大厦里，莫尔斯用激动得有些颤抖的双手，操纵着他倾十余年心血研制成功的电报机。

★向"电报"发起冲击的画家

1832年10月1日，一艘名叫"萨丽号"的邮船，满载旅客，从法国北部的勒阿弗尔港驶向纽约。"萨丽号"邮船缓缓驶出英吉利海峡，进入浩瀚的大西洋。在途中，船受到风暴的袭击，在波峰浪谷中颠簸。许多人晕船，乘坐这艘船的美国著名画家莫尔斯也感到浑身不舒服。

"遇到风暴时，有什么办法使船不受到影响？"莫尔斯与船长聊了起来。

"毫无办法！"船长说，"这只能听天由命了。"莫尔斯望着茫茫的大海，心中发出感慨："在无边无际的大海之中，一艘船、一个人实在太渺小了。"就在这次旅途中，莫尔斯结识了杰克逊。杰克逊是波士顿城的一位医生，也是一位电学博士。此次他是在巴黎出席了电学研讨会之后回国的。闲聊中，杰克逊将话题转到电磁感应现象上。

"什么叫电磁感应？"莫尔斯好奇地问。于是杰克逊用通俗的语言介绍了电磁感应的现象。说着，杰克逊从旅行袋中取出一块马蹄形的铁块以及电池等。他解释道："这就叫电磁铁。在没有电的情况下，它没有磁性；通电后，它便有了磁性。"

"这真是太神奇了！"莫尔斯仿佛看见了一个奇妙无比的新天地。于是，他向杰克逊请教了许多电的基础知识。莫尔斯完全被电迷住了，连续几个晚上都失眠了。他构思到："电的传递速度那么快，能够在一瞬间传到千里之外，加上电磁铁在有电和没电时能做出不同的反应。利用它的这种特性不就可以传递信息了吗？"于是41岁的莫尔斯决定放弃他的绘画事业，走上科学发明的道路——发明电报。莫尔斯没有电学知识，他如饥似渴地学习着，遇到一些自己不懂的问题，他便向大电学家亨利等请教。他的画室也成了电学实验室。画架、画笔、石膏像等均被堆在角落，电池、电线以及各种工具成为了房间的"主角"。

莫尔斯从有关资料中得知，在他之前，曾有人设想用电传递信息。早在1753年，当时人类对电的认识还是处在静电感应时代，一位叫摩尔逊的英国电学家，就曾做过这样一个实验：架设26根导线，每根导线代表一个字母。这样，当导线通电时，在导线的另一端，相应的纸条就被吸引，并记下这个字母。但当时由于电源问题没有解决，因此摩尔逊的实验未能进一步深入。3年过去了，莫尔斯画了无数张设计草图，做过无数次实验，可每一次都以失败而告终。有一天，他忽然想到，在他之前的科学家，往往是为了表达26个字母而设计了极为复杂的设备，而复杂的设备制作起来谈何容易。他意识到，必须将26个字母的信息传递方法加以简化，这样电报机的结构才会简单一些。

莫尔斯苦苦思索。他画了许多符号：点、横线、曲线、正方形、三角形等。最后，他决定用点、横线和空白共同承担起发报机的信息传递任务。他为每一个英文字母和阿拉伯数字设计出代表符号，这些代表符号由不同的点、横线和空白组成。这是电信史上最早的编码。后人称它为"莫尔斯电码"。

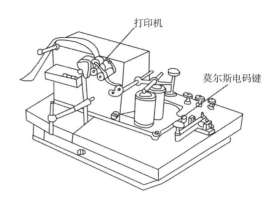

有了电码，莫尔斯马上着手研制电报机。终于在1837年9月4日，莫尔斯制造出了一台电报机。它的发报装置很简单，由电键和一组电池组成。按下电键，便有电流通过。按的时间短促表示点信号，按的时间长些表示横线信号。它的收报机装置较为复杂，是由一块电磁铁及有关附件组成的。当有电流通过时，电磁铁便产生磁性，这样由电磁铁控制的笔也就在纸上记录下点或横线。这台发报机的有效工作距离为500米。之后，莫尔斯又对这台发报机进行了改进。

该在实践中检验发报机的性能了。莫尔斯计划在华盛顿与巴尔的摩两个城市之间，架设一条长约64公里的线路。为此，他请求美国国会资助3万美元，作为实验经费。国会经过长时间激烈辩论，终于在1843年3月，通过了资助莫尔斯实验的议案。1844年3月，国会通过了拨款。电报线路终于建成了。

1844年5月24日，莫尔斯坐在华盛顿国会大厦联邦最高法院会议厅中，激动地向40英里（1英里=1.609千米）以外的巴尔的摩城发出了历史上第一份长途电报："上帝创造了何等奇迹！"

1963年8月23日，美国总统肯尼迪还引用了莫尔斯拍发的第一份公众电报报文"上帝创造了何等奇迹"以结束他与尼日利亚总理的会话。这也是经通信卫星的第一次电话会话，时间轮转，走过120年。莫尔斯的电报机经过进一步改进，被迅速推广应用。从此以后，战争的爆发，和约的缔结，风暴的来临，鱼群的发现……各种消息都通过电报而得到迅速传递。

1858年，欧洲许多国家联合给莫尔斯一笔40万法郎的奖金。在莫尔斯垂暮之年，纽约市在中央公园为他塑造了雕像，用巨大的荣誉来补偿曾使这位科学家陷于生活窘境的过错。

电报的发明，开启了用电作为信息载体的历史。通过对电报、无线电通信的深入研究，人类开始了通信历史上的一次巨大的飞跃。

3.2.6　内燃机的发明

内燃机是一种动力机械，它是通过使燃料在机器内部燃烧，并将其放出的热能直接转换为动力的热力发动机。在1860年，法国的勒努瓦模仿蒸汽机的结构，设计制造出了第一台实用的煤气机。1866年，德国人奥托制造了第一台能够实际使用的煤气内燃机。

导图

人物小史与趣事

奥托

尼古拉斯·奥古斯特·奥托（1832—1891），德国著名机械工程师，四冲程内燃机的发明者和推广者。

1866年，奥托制造了第一台能够实际使用的内燃机。

1875年，奥托的公司终于完成了具有进气、压缩、做功、排气四冲程内燃机全套设计工作，四冲程内燃机由此变得更加精巧耐用、高效可靠。

★童年的奥托

1832年6月10日，奥托出生在德国霍兹豪森镇的一个工匠家庭里。其父亲是一名制表匠，母亲是一个普通的农民，家里的收入不高，全家过着清苦而祥和的生活。奥托是家里6个孩子之中的长子，也许与他的父亲是一名制表工匠有关，他从懂事起就对机械非常感兴趣。小时候，奥托常常一个人躲在角落里注视着父亲工作。许多大大小小的齿轮、皮带经过父亲的手，就变成了一台台精巧的钟表，颇让他感到不可思议。也就是从那时起，小奥托迷上了机械制造这门工艺。

正当奥托准备好好学习，以后大干一番事业时，父亲却因积劳成疾而病倒了，按当时德国的传统，家庭的重担一下子落在了作为长子的奥托的肩上。他不得不中断学业，只身前往经济繁荣的科隆，在那里的一个小工匠铺安下身来，赚些钱养家糊口，而且一干就是10年。在科隆的日子里，他并未因繁忙的工作而放弃对知识的学习。他白天努力地工作，晚上则躲在被子里看有关机械方面的书籍。经过长时间的积累，奥托对于机械制造方面的基础知识，有了较多且深入的认识和了解，这也更加坚定了他儿时的兴趣。这段艰苦地求学、工作与生活的经历，在他的记忆中留下了深刻的印象，也培养了他不屈不挠的奋斗精神，为其日后战胜一个又一个的困难奠定了良好的基础。

1854年，一篇对当时被炒得沸沸扬扬的蒸汽机的批评文章引起了奥托的注意。蒸汽机制造中的一系列不足，使奥托立志发明一种可以取代老式蒸汽机的新型动力设备。

★蒸汽动力史上的新方向

作为一种强大的动力机械，蒸汽机当时的体积很大，并且需要配锅炉。而当时制造锅炉的技术还比较粗糙，锅炉时常发生爆炸，再加上锅炉要消耗大量的能源，需要解决能源燃烧产生的烟气排放等一系列复杂问题，因此，人们一方面不得不继续使用蒸汽机，另一方面更加强烈地希望能有一种小而方便、安全又可靠的动力装置来取代它。1860年，人们的这种希望得到了初步的实现。法国工程师勒努瓦制造了一台以煤气为燃料的内燃机。这种新型煤气内燃机造型小巧，比起老式的蒸汽机，其使用方法简单而安全，但美中不足的是，由于没有在内燃机的机箱内对空气进行必要的压缩，因此它产生的热效率并不高。但是，这毕竟走出了老式蒸汽机的模式，开启了内燃机研制工作的第一步。1862年，法国工程师罗夏提出，内燃机的动力方式应采取四冲程方式，即在四个行程内完成一个进气、压缩、燃烧膨胀和排气的工作循环，并且取得了这一内燃机设计方式的发明专利。但罗夏只是提出了这样一个想法，并没有真正将这一想法变为现实，从而使这种想法在很长的时间里不为人所知。

虽然奥托对罗夏的想法不甚了解，但此前许多人的探索，为内燃机研制道路上一度彷徨不前的奥托指明了前进的方向。他独自钻研，反复研究，最终也提出了内燃机动力方式的四冲程循环原理，并且要比罗夏的想法更为详细而成熟。奥托在他的日记中这样记述："一切商业上成功的内燃机，其共同特征均包含以下几方面：①空气的压缩；②燃料在提高了压力的空气中进行燃烧，从而使空气压缩，并使空气的温度升高；③已加热的空气膨胀到初始压力，并开始做

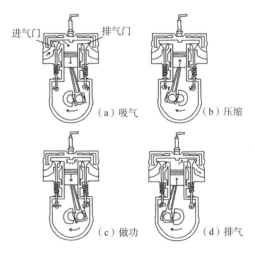

功；④排气。由此完成整个循环过程。"具体来说，这一原理是在煤气进入气缸之前，先与空气混合成一种可燃性的混合气体，然后进入气缸，在气缸内进行空气压缩，使其在这种提高了压力的空气中进行燃烧，这样使气缸内的温度升高；而后，膨胀了的空气逐步减压到初始状态时的大气压力，并推动气阀运动，由气阀运动产生的能量推动机车的运动；最后，气缸排出所有的气体。这是对四冲程内燃机原理和特征的第一次简单而清楚的概括，因此，人们将内燃机的四冲程循环亲切地简称为"奥托循环"。这种内燃机的负荷可调节，即产生能量的多少，一般是借助控制进入气缸内的可燃性气体的数量来完成的，且点火方式也比较特殊，通过采用外来火焰或电火花的方式来实现点火，因此点

火的时间可以控制。这些构成四冲程循环的最基本特征，由于将燃料的利用率提高到了最大限度，因此人们又将其称作"理想循环"。

由于对内燃机四冲程循环原理的设计详细，且实际操作性强，因此，奥托在完成了对这一原理的初步设计后，仅仅花费了很少的时间，便设计和制造出了世界上第一台四冲程循环内燃机样机。这台内燃机性能可靠，热效率高，运行噪声小，在燃料消耗等许多方面都要比勒努瓦式内燃机好出许多。因此，尽管这种最初型号的内燃机在外观上还存在一些缺陷，但一经面世，立即赢得了人们的高度评价。奥托的内燃机热效率比以往的四冲程循环发动机的热效率提高了两倍（约14%），其热效率更是勒努瓦式发动机的4倍。可以说，奥托的发动机具有非常实用的价值。

四冲程内燃机

把曲轴转两圈（720°），活塞在气缸内上下往复运动四个行程完成一个工作循环的内燃机称为四冲程内燃机。四冲程内燃机是在四个工作冲程内完成一个工作循环的内燃机。

普通内燃机大多为四冲程内燃机，它分为吸气冲程、压缩冲程、做功冲程和排气冲程。主要包括四冲程汽油机和四冲程柴油机两种。

"奥托循环"是当今世界上所有内燃机设计和制造都必须遵循的基本热力循环方式，它的出现为后来人类动力工程事业的蓬勃发展带来了前所未有的契机。轮船的发明、汽车的制造，乃至飞机的出现，均与此有着莫大的关系。"奥托循环"可以说是人类动力科学史上的一大创举。

3.3 交通与军事

3.3.1　热气球的发明

热气球是依靠向球体内充入热空气，产生浮力而升空的飞行器。热气球刚出现时，就得到了社会各界的广泛关注，1783年，蒙格尔非兄弟制造的热气球进行了世界上第一次载人空中航行。随着人们生活方式的巨大变化，它已成为现代人追求惊险刺激的重要工具。

导图

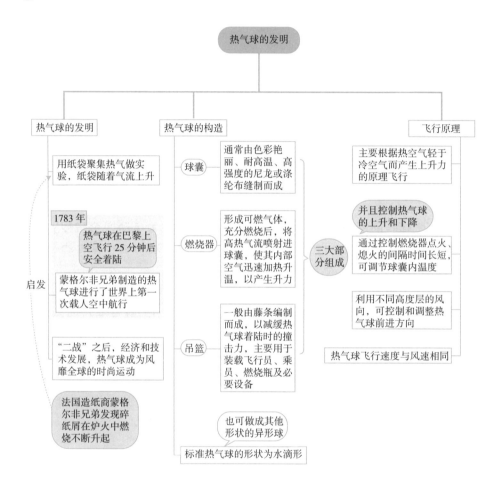

3.3.2　降落伞的发明

现代意义上的降落伞是在18世纪末发明的，降落伞的出现大大增强了飞行员的安全感。1783年，法国的卢诺尔曼设计出世界上第一顶真正意义上的降落伞，并在高塔上进行了试降。1797年10月22日，在巴黎现在的蒙索公园上空，一位名为加内林的人首次从飞行器上跳伞。他所使用的降落伞有肋状物支撑，收拢起来就像现在的太阳伞。

🎯导图

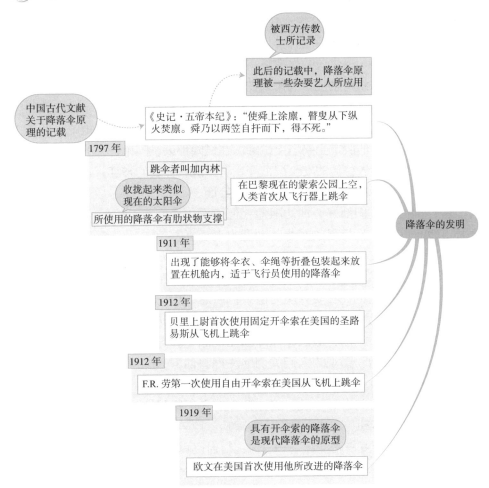

被西方传教士所记录

此后的记载中，降落伞原理被一些杂耍艺人所应用

中国古代文献关于降落伞原理的记载

《史记·五帝本纪》："使舜上涂廪，瞽叟从下纵火焚廪。舜乃以两笠自扞而下，得不死。"

1797 年

跳伞者叫加内林

收拢起来类似现在的太阳伞

在巴黎现在的蒙索公园上空，人类首次从飞行器上跳伞

所使用的降落伞有肋状物支撑

1911 年

出现了能够将伞衣、伞绳等折叠包装起来放置在机舱内，适于飞行员使用的降落伞

1912 年

贝里上尉首次使用固定开伞索在美国的圣路易斯从飞机上跳伞

1912 年

F.R. 劳第一次使用自由开伞索在美国从飞机上跳伞

1919 年

具有开伞索的降落伞是现代降落伞的原型

欧文在美国首次使用他所改进的降落伞

降落伞的发明

🎐人物小史与趣事

★富于幻想的卢诺尔曼

制造出世界上第一顶降落伞的荣誉应当归属于法国的卢诺尔曼。卢诺尔曼从小就富于幻想，经常冒出一些让人觉得不可思议的念头。卢诺尔曼的家乡有座高塔，他经常和小伙伴们一起到塔上游玩，在那里度过了许多美好的年少时光。

"要是我们能像小鸟那样，可以用翅膀飞翔该有多好！"

"对！要是我们有翅膀，就可以从塔顶飞到地上，再也用不着慢吞吞地下楼梯了。"

叽叽喳喳的小伙伴们总是浮想联翩。少年卢诺尔曼每天望着这座高塔，心里总想着怎样才能从塔顶上安然无恙地落到地面。后来，卢诺尔曼长大了，但他仍然忘不了心中的那个梦想：总有一天，他要像小鸟那样从塔上"飞"下来。于是，他开始搜集有关的材料，着手构想如何实现这个美好的愿望。在17世纪一位名叫德·马尔茨的作家所写的小说中，卢诺尔曼看到文中主人公从高层城堡越狱时，将两条被单的角系在一起，然后两手抓住被单的两端，利用风力的托举，缓缓落地。同时，意大利囚犯拉文越狱的方法也给了他很大的启发。时间一天天过去，反复揣摩之后，卢诺尔曼终于设计出世界上第一顶真正意义上的降落伞，他决定到高塔上试降。在试降那天，闻讯赶来的人们将高塔围得水泄不通。有人替他的安全捏把汗，有人抱着怀疑的态度，有人只不过想瞧个热闹，更有人甚至等着看卢诺尔曼的笑话。

替他担心的人们都好心地劝阻他，但卢诺尔曼心志不移。他一定要实现自己的梦想，要像小鸟那样从空中悠悠而降。为了安全起见，他把一些略重于体重的石头绑在降落伞上，然后，他从塔顶向下扔出了降落伞和石头。在众人的目光下，石头并没有像人们所想的那样快速落到地上。相反，坠着石头的降落伞像盛开的鲜花一样，悠悠地在空中飘荡，最后徐徐降落在地面上。这使卢诺尔曼信心大增。围观的人们关切地注视着他下一步的试验——这回可是卢诺尔曼双手紧紧地抓住降落伞的底绳，轻轻地纵身向塔外一跳。屏住呼吸的人们紧张地睁大眼睛，纹丝不动。有些人甚至闭上眼睛。卢诺尔曼跳出塔外后，心情原本有些紧张的他反而变得踏实起来——他觉得自己真的像只小鸟一样在悠悠地飞翔。最后，卢诺尔曼缓缓地安全降落，什么意外也没有发生。卢诺尔曼成功了，周围的人们也齐声为他欢呼、喝彩！

后来，降落伞的结构得到了较大改进。但由于时代的限制，降落伞的发展仍然很缓慢。直到时间迈入20世纪的门槛，飞机的问世和航空事业的发展才使降落伞的设计、制造和应用有了长足的进步。如今，这朵在蓝天绽放的花朵越来越为人们所熟悉和喜爱。

降落伞的原理

降落伞是利用空气阻力，依靠相对于空气运动充气展开的可展式气动力减速器，使人或物从空中安全降落到地面的一种航空工具。

3.3.3　飞艇的发明

热气球出现后不久，法国罗伯特兄弟在1784年制造了一艘人力飞艇。飞艇没有翼，利用装着氢气和氦气的气囊所产生的浮力上升，靠划桨推动前进。随着科学技术的发展，飞艇已完全使用安全的氦气，其发展程度也随之活跃起来。

导图

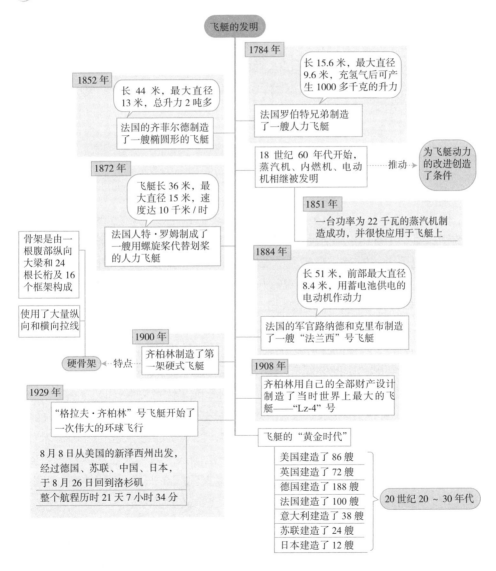

人物小史与趣事

★ 飞艇的发展历程

在1783年发明了热气球之后，人们马上就想方设法推进热气球技术。1784年，法国罗伯特兄弟制造了一艘人力飞艇，长15.6米，最大直径9.6米，充氢气后可产生1000多千克的升力。罗伯特兄弟认为，飞艇在空中飞行和鱼在水中游动差不多，因此把它制成鱼形，艇上装上了桨，这桨是用绸子绷在直径2米的框子上制成的。7月6日开始进行试飞，当气囊充满氢气后，飞艇冉冉升起，随着高度的增加，大气压逐渐降低，囊内氢气膨胀，气囊越胀越大，眼看就要胀破，吓坏了罗伯特兄弟，他们赶紧用小刀把气囊刺了一个小孔，才使飞艇安全降到了地面。这次试验启示他们，应当在气囊上留一个放气阀门。

2个月后，兄弟俩对飞艇进行了改装，做了第二次飞行。这次飞行由7个人划桨做动力，飞行了7个小时，但只飞了几千米。虽然飞行速度很慢，但它作为人类第一艘有动力的飞艇，意义非凡。

18世纪60年代，蒸汽机、内燃机、电动机相继发明，为飞艇动力的改进创造了条件。1851年，一台重160千克，功率为22千瓦的蒸汽机制造成功，并很快被应用于飞艇上。1852年，法国的齐菲尔德制造了一艘椭圆形的飞艇，长达4.4米，最大直径为13米，总升力2吨多。飞艇上安装了螺旋桨，并以这台蒸汽机作动力。1852年9月24日，这艘以蒸汽机作动力的飞艇在巴黎郊区试飞。那天，天气晴朗，风和日丽。飞艇升空之后，蒸汽机以每分钟110转的速度，带动直径3米多的三叶螺旋桨旋转，前进速度达到9.4千米/小时。但因没有考虑操纵问题，因此飞艇起飞后不能返回起飞地点着陆。

1872年，法国人特·罗姆制成了一艘用螺旋桨代替划桨的人力飞艇。飞艇长36米，最大直径为15米。加上吊舱，高达29米，可载8人。螺旋桨直径9米，几个人轮流转动螺旋桨，使其产生动力，使飞艇前进，速度达10千米/时，比划桨的飞艇先进很多。不久之后，另一个法国人卡奴·米亚从自行车受到启发，设计了一种脚踏式螺旋桨飞艇。这种单人飞艇在无风时可以短时间飞行，速度可以达到16千米/时，比起手转螺旋桨飞艇又快了许多。

但这时飞艇飞行中有一个难题还没解决，就是飞艇一升高，就要通过阀门放气，以防止气囊膨胀爆裂。但气放掉之后，就再也无法升高了。为了解决这一问题，法国的查理教授和罗伯特兄弟于1874年制成了一种装有空气房的气球。它的形状像纺锤，与现代飞艇很相似。这种气球，外面是一个大的丝质胶囊，里面有一个小气囊，小气囊上面有一个气体阀门。外囊充氢气，使气球产生浮力升到空中，内囊用来充空气。这个小气囊就叫"空气房"。气球在升空之前，先将"空气房"充进空气。当气球升到一定高度之后，将"空气房"打开，放出一部分空气。这样，外囊膨胀之后，"空气房"因受挤压而缩小，使外囊膨胀的压力有所减小，以确保气囊不致胀破。这一发明，解决了气球升空的一大难题，是飞艇发展史上的又一重大突破。此后，"空气房"很快便在所有飞艇上使用了，并一直沿用至今。

知识链接

飞艇的飞行原理

飞艇是由巨大的流线形艇体、位于艇体下面的吊舱、起稳定控制作用的尾面和推进装置组成。艇体的气囊内充以密度比空气小的浮升气体（氢气或氦气）借以产生浮力使飞艇升空。吊舱供人员乘坐和装载货物。尾面用来控制和保持航向、俯仰的稳定。

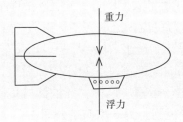

1884年，法国军官路纳德和克里布又制造了一艘"法兰西"号飞艇，长达51米，前部最大直径为8.4米，用蓄电池供电的电动机作动力。1884年8月9日凌晨4点，在法国科学院观察员的陪同下解缆试航。飞艇先向南飞行，然后向凡尔赛宫飞去，在离开出发点4千米处返航。在高度300米处打开放气阀门排氢降落，在降落中多次前后转动，以对准着陆点。飞艇到达80米高度时，丢下缆绳由地面拉降固定。试飞历时25分钟，飞行速度最高达每小时24千米。这是人类第一艘可操纵的飞艇。

在飞艇发展史上，德国的退役将军菲迪南德·格拉夫·齐柏林是一个重要人物，他是硬式飞艇的发明者，被后人称为"飞艇之父"。1900年，齐柏林制造了第一架硬式飞艇。其最大特点是有一个硬的骨架，骨架由一根腹部纵向大梁和24根长桁及16个框架构成，并使用了大纵向和横向拉线，以增强结构强度；艇体构架外面蒙上防水布制成的蒙皮，艇体内有17个气囊，总容积达到12万立方米，总浮力达到13吨，比当时软式飞艇大5～6倍。由于多气囊能起到类似船上隔水舱的作用，因此大大提高了飞行的安全度。1908年，齐柏林又用自己的全部财产设计制造了当时世界上最大的一艘飞艇——"Lz-4"号。

齐柏林对这艘飞艇的性能非常满意，他曾亲自驾驶这艘飞艇做了一次远航试验。飞艇从德国起飞，飞过阿尔卑斯山，到达瑞士后返航。这一成就引起了德国政府的重视，他们宣布，如果飞艇续航时间能够超过24小时，政府就购买它，并愿意支付发展硬式飞艇所用的全部研制费用。这年8月4日是"Lz-4"号飞艇正式接受检验的日子。政府官员和许多观众都来到了现场。齐柏林亲自驾驶飞艇升空。开始一切都很顺利，可是几小时后，发动机就出了毛病，飞艇只好迫降地面，进行维修，准备再次升空。谁知祸不单行，偏偏在这个时候又起了一阵狂风，将飞艇的锚绳吹断。飞艇朝一片树丛撞去，当场被毁坏了。正当齐柏林走投无路时，一位法兰克福时代报的记者富果·艾肯纳博士帮助了他。艾肯纳将飞艇的现场客观地做了报道，又将齐柏林为发展飞艇而奋斗的事迹做了一番宣扬。全德国的报纸都转载了艾肯纳的文章。

齐柏林的事迹深深打动了人们的心，德国人民发起了一场捐款活动，在很短时间内就筹集了600万马克，足够齐柏林再造一艘新飞艇。齐柏林总结了过去失败的教训，重新设计制造了"Lz-5"号"Lz-6"号飞艇，经过试飞都获得了成功，在空中停留的时间都超过了24小时。后来，他又制造了三架飞艇，性能都不错，完全可以进行运输。这样，齐柏林与艾肯纳决定成立航空公司，起名为德拉格公司，这是世界上第一家航空公司。

1910年6月22日，第一艘飞艇正式从德国法兰克福飞往杜赛尔，建立了第一条定期空中航线，担任首航运输任务的就是"Lz-7"号飞艇，它一次可以载24名旅客，有12名乘务员，飞行速度为69~77千米/时。齐柏林逝世之后，他的继承人艾肯纳博士提出了一个大胆的计划：建造一艘环球飞艇，开辟洲际长途客运。艾肯纳设计的环球飞艇确实很大，这艘飞艇长达237米，最大直径为30.5米，可以充10.47万立方米的氢气，本身重量为118吨，载重53吨，用5台柴油发动机作动力，最大速度193千米/时，于1927年7月建成。为了纪念齐柏林，特地将这艘飞艇命名为"格拉夫·齐柏林"号，由他的女儿主持了建成典礼。

1929年8月8日，"格拉夫·齐柏林"号飞艇开始了一次伟大的环球飞行，从美国的新泽西州出发，经过德国、苏联、中国、日本，于8月26日回到洛杉矶市。齐柏林号飞艇环球飞行的成功大大促进了飞艇的发展。

据统计，在20世纪20~30年代，美国建造了86艘飞艇，英国建造了72艘，德国建造了188艘，法国建造了100艘，意大利建造了38艘，苏联建造了24艘，日本也建造了12艘。这是飞艇鼎盛的时期，因此人们把这一时期称作飞艇的"黄金时代"。

3.3.4　自行车的发明

人类科学技术的飞速发展，给人们的生活带来了无穷的便利，一项项交通工具的发明，更使我们的日常生活变得便捷，同时也推动了社会的进步和时代的发展。其中自行车的发明深受人们喜爱。1839年，麦克米伦发明了一种机械自行车。

导图

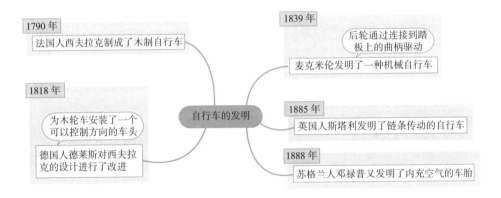

1790年
法国人西夫拉克制成了木制自行车

1818年
为木轮车安装了一个可以控制方向的车头
德国人德莱斯对西夫拉克的设计进行了改进

自行车的发明

1839年
后轮通过连接到踏板上的曲柄驱动
麦克米伦发明了一种机械自行车

1885年
英国人斯塔利发明了链条传动的自行车

1888年
苏格兰人邓禄普又发明了内充空气的车胎

3.4　医学

3.4.1　麻醉剂的发明

麻醉术是支撑外科医术的基础。如果没有麻醉药的辅助，病人将承受手术带来的巨大痛苦，甚至因此而不幸死去。在东汉时期，我国古代著名医学家华佗就发明了中药全向麻醉药——"麻沸散"。在国外，1799年英国化学家戴维最早发现氧化亚氮（一氧化二氮，N_2O）具有麻醉作用。而莫顿是西方第一个发明麻醉剂的人，他于1846年10月16日公开做了麻醉实验，是把麻醉药应用到外科的主要人物，是西方的"华佗"。

导图

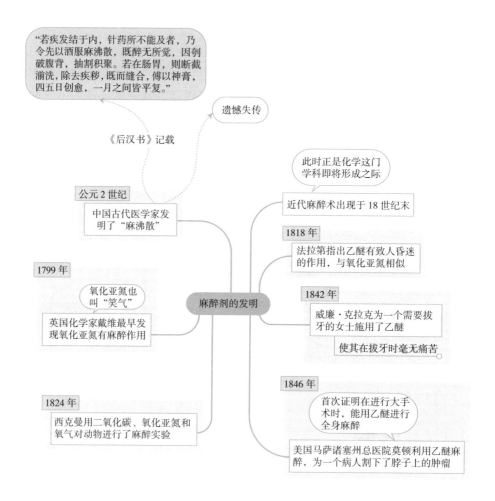

"若疾发结于内，针药所不能及者，乃令先以酒服麻沸散，既醉无所觉，因刳破腹背，抽割积聚。若在肠胃，则断截湔洗，除去疾秽，既而缝合，傅以神膏，四五日创愈，一月之间皆平复。"

遗憾失传

《后汉书》记载

公元2世纪
中国古代医学家发明了"麻沸散"

此时正是化学这门学科即将形成之际
近代麻醉术出现于18世纪末

1818年
法拉第指出乙醚有致人昏迷的作用，与氧化亚氮相似

1799年
氧化亚氮也叫"笑气"
英国化学家戴维最早发现氧化亚氮有麻醉作用

麻醉剂的发明

1842年
威廉·克拉克为一个需要拔牙的女士施用了乙醚
使其在拔牙时毫无痛苦

1824年
西克曼用二氧化碳、氧化亚氮和氧气对动物进行了麻醉实验

1846年
首次证明在进行大手术时，能用乙醚进行全身麻醉
美国马萨诸塞州总医院莫顿利用乙醚麻醉，为一个病人割下了脖子上的肿瘤

人物小史与趣事

戴维

汉弗莱·戴维（1778—1829），英国化学家、发明家，电化学的开拓者之一。

戴维

1778年出生于英国彭赞斯贫民家庭，1799年他发现"笑气"的麻醉作用后开始引起关注。在化学上他最大的贡献是开辟了用电解法制取金属元素的新途径，即用伏打电池来研究电的化学效应。电解了之前不能分解的苛性碱，从而发现了钾和钠，后来又制得了钡、镁、钙、锶等碱土金属。他被认为是发现元素最多的科学家。1815年发明了在矿业中检测易燃气体的戴维灯。1820年当选英国皇家化学会主席。

威廉·莫顿，美国著名牙科专家、医学发明家。

1819年8月9日生于马萨诸塞州查尔顿，1868年7月15日卒于纽约。

威廉·莫顿

世界上最早将乙醚（ether）麻醉应用于外科手术的人。

他一生中最伟大的业绩，就在于他在理论上证实了乙醚作为麻醉剂的合理性，在实践上正式确立了乙醚作为医用麻醉剂的可行性，为人类医学事业的进步立下了不朽的功勋。

在麦克·哈特所著《影响人类历史进程的100名人排行榜》中，莫顿被排在37位。

★戴维的试验发现

戴维在气疗研究室负责的一项任务是研究一氧化二氮的特性。有人认为那是一种有毒的气体，也有人认为它能够治疗瘫痪病。为了一探究竟，戴维决心亲自试验。许多朋友劝阻他，认为这样做太危险。勇于探索的戴维却不以为然，立即投入了实验。

知识链接

一氧化二氮

一氧化二氮又称笑气，无色有甜味气体，是一种氧化剂，化学式 N_2O，在一定条件下能支持燃烧（同氧气，因为笑气在高温下能分解成氮气和氧气），但在室温下稳定，有轻微麻醉作用，并能致人发笑。

有一次，戴维制取了大量的一氧化二氮，装在几个大玻璃瓶里，放在地板上。这时医学家贝多斯来到了实验室，看到戴维做出的成绩非常满意。当他正在高兴地与戴维交谈时，由于不灵便的转身，胳臂碰到一个大铁三脚架，架子倒下来砸碎了装满一氧化二氮的玻璃瓶。贝多斯很难为情地弯下腰收拾玻璃瓶，同时喃喃地说了一些表示歉意的话。戴维却认为这无关紧要，重新做一瓶是很容易的，用不着这样不安。戴维还没有说完这个实验的情况和今后的打算，他们的眼睛由于惊异而睁得大大的。

一向以孤僻和冷漠而闻名的贝多斯博士，突然带着令人费解的微笑盯着他说："戴维，你太爱开玩笑了。你怎么可以把铁架子同玻璃器皿放在一起呢？它们相互碰撞起来的声音多么响啊！"接着，他大笑起来，笑声震撼了整个实验室。

"的确是一件令人开心的事。"戴维同意他的意见，也大笑起来。这两位科学家面对面地站着，狂笑不止。这种不平常的喧闹，引起了隔壁实验室助手的注意。他打开门以后，站在门边愣住了。助手察觉后捂住鼻子，大声喊道："快出去！你们需要呼吸新鲜空气，你们中毒了！"贝多斯和戴维在新鲜空气中逐渐恢复了神志。但是头痛还没有消除，这说明，一些人所谓的"无毒气体"对他们的身体还是产生了有害的作用，他们还需要在新鲜空气里多待些时间。这次"愉快"的事故让戴维发现了这种气体的新性质。

事后戴维在笔记本上写道："我知道进行这实验是很危险的，但是从性质上来推测可能不至于危及生命……吸入少量这种气体后，会感到头晕目眩，如痴如醉，再吸入一些后四肢有舒适之感，慢慢地筋肉都无力了，脑中外界的形象消失，出现各种新奇的东西，一会儿人就会像发了狂一样又叫又跳……"戴维在气疗研究所研究气体对人体的作用时，基本上是在自己身上做实验。他发现一氧化二氮有刺激作用，后来又发现这种气体有麻醉作用。戴维这种勇于探索、敢于牺牲的精神，无疑是令人钦仰的。

★麻醉剂的发明

莫顿为后人所纪念的是其一生都在促使医学界承认并采用外科麻醉术。而在此之前，由于没有麻醉手段，人们只能在极为痛苦的条件下接受手术，一些人甚至因为过度疼痛而死在手术台上。莫顿麻醉剂的发明和使用结束了这一可怕的历史。

大约在莫顿发明麻醉剂之前50年，英国著名化学家戴维发现了一氧化二氮。他先在自己身上进行试验，吸入氧化亚氮后产生了一种眩晕的陶醉感，会使人的抑制能力降低，很容易发笑、叫喊或流露出某种特殊的情感，因此，他又将氧化亚氮称为"笑气"。戴维曾设想将它作为麻醉药，并在当时著名的《医学家》杂志上发表文章，介绍氧化亚氮的麻醉作用。但是，他的想法在当时并没有引起人们的注意。莫顿对戴维的实验成果产生了浓厚的兴趣。后来，莫顿经过多次试验证实了一氧化二氮虽具有部分麻醉效果，但对于大脑皮层却有一定的抑制作用，无法安全地当作麻醉剂使用。

1844年夏，他为了提高化学知识及医学水平，到他的校友杰克逊那里学习。杰克逊毕业于著名的哈佛医学院，是一位化学家。在一次闲谈中，他们谈起了拔牙的话题。莫顿谈到拔牙时如果能够抑制牙神经就好了。杰克逊说，他有些乙醚，这种东西可以减轻牙痛，随后给了莫顿一些乙醚。后来，他们又讨论起了乙醚对于神经系统的作用及毒副作用。杰克逊还提到，牛津的一个学生用手帕吸入乙醚，吸入后产生了眩晕、麻醉的感觉。正是这次谈话，使莫顿受到了很大的启发，他想到了使用乙醚来达到消除拔牙疼痛的目的。

莫顿从杰克逊那里借来了各种关于乙醚的书籍，如饥似渴地阅读，对乙醚在动物神经系统中的作用进行了认真研究。当莫顿得知乙醚对于动物没有危险时，异常兴奋。他还从书中找到了关于乙醚吸入法的记载。莫顿在笔记中记录着："医学院在讲授乙醚时，只是将其作为抗痉挛剂与止痛剂使用，吸入过量时会导致中毒，丧失感觉等。"

知识链接

乙醚

无色透明液体，有特殊刺激气味，带甜味，极易挥发，其蒸气密度比空气大。在空气的作用下，能氧化成过氧化物、醛和乙酸，暴露于光线下能促进其氧化。当乙醚中含有过氧化物时，在蒸发后所分离残留的过氧化物加热到100℃以上时能引起强烈爆炸。与无水硝酸、浓硫酸和浓硝酸的混合物反应也会发生猛烈爆炸。溶于低碳醇、苯、氯仿、石油醚和油类，微溶于水。易燃、低毒。医药工业用作药物生产的萃取剂和医疗上的麻醉剂。

为了证实乙醚的麻醉作用，1846年春，莫顿在波士顿牙科诊所中用一只长耳犬做了实验：他将一只长耳犬放到一个盛有乙醚的罐子中，在吸入几滴乙醚后，长耳犬立即瘫软下来。继而，莫顿将罐子拿开，大约3分钟之后，长耳犬苏醒了，大叫几声之后，又活蹦乱跳起来。经过多方面检查之后，莫顿得出结论：给予适量的乙醚并无毒性反应，并不伤害神经系统。有了这次成功的实验之后，为了能够推广到人体使用，莫顿又在自己身上进行试验，结果并无不适反应。就这样，历史上有了最早关于乙醚麻醉成功的记载。

1846年秋季的一个夜晚，一位叫弗罗斯特的病人走进莫顿的诊所，请求拔牙。莫顿将蘸有乙醚的手帕递给患者，让他吸入，患者渐渐失去了知觉。莫顿小心翼翼地为患者拔牙，同时注意观察患者的脉搏与肌肉的变化，牙很快拔了下来，患者也逐渐恢复了知觉。当莫顿问他有无痛苦时，患者表示在拔牙的过程中并未感觉到痛苦。

莫顿成功了！无痛拔牙的技术在当时引起了轰动。他首次向医学界揭示了乙醚作为麻醉剂的安全可靠性，并指出在手术中有两点必须引起注意，即有效的给药方式及病人与医生之间的密切配合。

★麻醉剂的推广

为了进一步证实乙醚作为麻醉剂在其他手术中效果，许许多多的人都同莫顿一道进行了不懈探索。

在莫顿以乙醚为麻醉剂成功拔牙后的第二个星期，即1846年10月16日，一位年轻人同意在乙醚麻醉下做切除颈部血管瘤的手术。该手术由马萨诸塞州总医院的高级外科医生沃伦主刀，莫顿做麻醉师。他先给病人吸入适量的乙醚，病人立刻失去了知觉，沃伦医生开始动手术。在整个手术的过程中，病人始终处于半昏迷状态，在手术快要做完的时候，病人略感疼痛。莫顿在此后的医学分析报告中认为，这有可能是由麻醉剂的用量不足引起的。

第二天，在另一例手术中莫顿给病人足够剂量的麻醉剂，手术非常成功。病人感觉良好，不但没有任何疼痛感，并且很快就恢复了知觉。当时，有许多人在一旁观看了这次手术的全过程，他们目睹了乙醚麻醉剂的使用效果。从此，外科学史翻开了新的一页。这次手术的成功也标志着有痛实施手术时代的结束。由于莫顿在外科麻醉方面的突出贡献，他被人们尊称为"麻醉剂之父"。

麻醉剂的发明及使用推广，可以称得上是19世纪医学界的一项重大成就。为了表彰莫顿所取得的伟大成就，1849年、1851年及1854年，美国国会三次提出议案，奖给莫顿10万美元，但由于杰克逊等人的干扰而未能实现。尽管如此，莫顿还是获得了华盛顿巴尔的摩大学医学博士学位以及马萨诸塞州总医院奖给的1000美元。另外，法国医学科学院还奖给了莫顿5000法郎。

然而，莫顿的辉煌成就也给他带来了困扰。在他发明麻醉剂及获得该项技术的专利后，便陷入了无休止的荣誉与金钱方面的争斗之中。杰克逊为了争夺乙醚麻醉剂的专利，不择手段。莫顿也不得不将他的大部分时间花在与杰克逊代价昂贵的争辩之中，他的牙医生涯也就此结束了。官方最后判定杰克逊是该项技术的发明人。心灰意冷的莫顿前往佐治亚州迈斯市的韦尔斯利镇，他晚年凄凉，于1868年7月15日在贫困之中死于精神抑郁症。莫顿对医学做出的伟大贡献轰动了全世界，从而更加深了人们对这位医学巨人的了解和敬佩。尽管官方裁定杰克逊是麻醉剂的发明人，但在人们心中仍认为莫顿为发明人。

世人并没有忘记莫顿对人类做出的贡献，1920年，他入选美国伟人纪念馆。

3.4.2　听诊器的发明

法国医生雷奈克在观看孩子们玩耍时萌发了制造听诊器的念头。他看到一个孩子刮一块木板时另一个孩子在老远的地方将耳朵贴在木板上，能够听到刮出的声响。于是他在1816年发明了第一个听诊器，1817年3月8日开始用于临床诊断，根据他所听到的声音来判断人体有无疾病。

🎯 导 图

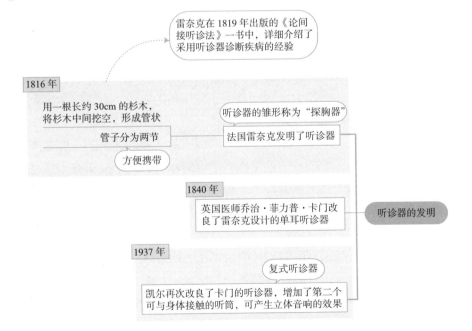

人物小史与趣事

雷奈克

何内·希欧斐列·海辛特·雷奈克（1781—1826），他用一本薄笔记本卷成圆筒，解决了困扰他很久的诊断难题，随之发明了听诊器。

雷奈克亲自制造出第一个听诊器之后，有人称之为"独奏器"，也有人称为"医学小喇叭"，他的叔叔建议命名为"胸腔仪"。几经考虑后，雷奈克最后决定命名为"听诊器"。

1819年，雷奈克出版了专著《论间接听诊法》。在这本书中，雷奈克详细地记述了诊断水泡音与轻啰音——经由听诊器所得的心与肺的声音。他还仔细地将各种诊音分类，并以临床观察和解剖为根据对各种声音做了解释。

★医学史上的重大发明

19世纪的某一天，急驶而来的马车在法国巴黎一所豪华府第门前停下，车上走下了著名医生雷奈克，他是被请来为这里的贵族小姐诊病的。面容憔悴的小姐，坐在长靠椅上，紧皱着双眉，手捂胸口，看起来病得不轻。等小姐捂着胸口诉说病情后，雷奈克医生怀疑她患有心脏病。若要使诊断正确，最好是听听心音。但是，当时的医生都是隔着一条毛巾用耳朵直接贴在病人身体的适当部位来诊断疾病，而这位病人是位年轻的贵族小姐，这种方法明显不合适。雷奈克医生在客厅一边踱步，一边想着能不能用新的方法。看到医生冥思苦想的样子，屋内的人也不敢随便走动和说话。

走着走着，雷奈克医生的脑海里突然浮现出前几天他遇到的一件事情——在巴黎的一条街道旁，堆放着一堆修理房子用的木材，几个孩子在木料堆上玩儿，其中有个孩子用一颗大铁钉敲击一根木料的一端，他让其他的孩子用耳朵贴在木料的另一端来听声音，他敲一敲，问："听到什么声音了？""听到了有趣的声音！"孩子们笑着回答。

正当他们玩得兴高采烈的时候，雷奈克医生路过这里，他被孩子们的玩耍吸引住了，就停下脚步，仔细地看着孩子们玩儿。他站在那里看了很久，忽然兴致勃勃地走了过去问道："孩子们，让我也来听听这声音行吗？"孩子们愉快地答应了。他把耳朵贴着木料的一端，认真地听孩子们用铁钉敲击木料的声音。"听到了吗，先生？""听到了，听到了！"

　　雷奈克医生灵机一动，马上叫人找来一张厚纸，将纸紧紧地卷成一个圆筒，一头按在小姐心脏的部位，另一头贴在自己的耳朵上。果然，小姐心脏跳动的声音和其中轻微的杂音都被雷奈克医生听得一清二楚。他高兴极了，告诉小姐病情已经确诊，并且一会儿就可以开好药方。

　　雷奈克医生回家之后，马上找人专门制作了一根空心木管，长30cm，口径0.5cm，为了便于携带，从中剖分为两段，有螺纹可以旋转连接，这就是第一个听诊器，它与现在产科用来听胎儿心音的单耳式木制听诊器很相似。因为这种听诊器样子像笛子，所以被称为"医生的笛子"。后来，雷奈克医生又做了许多实验，最后确定，用喇叭形的象牙管接上橡皮管做成单耳听诊器，效果更好。单耳听诊器诞生的年代是1814年。听诊器的发明，使得雷奈克能够诊断出许多不同的胸腔疾病，他也被后人尊为"胸腔医学之父"。

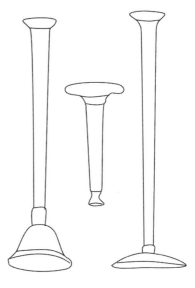

早期听诊器

3.5 材料

3.5.1 水泥的出现

　　19世纪以前，建筑技术的进步是相当缓慢的，其中一个重要原因是受建筑材料性能的限制。当时建筑材料不外乎几千年沿用下来的土、木、砖、瓦、砂、石。1824年，英国石匠亚斯普丁取得了制造水泥材料的专利。以后又出现了钢材，从而使建筑技术发生了飞跃性的进步。

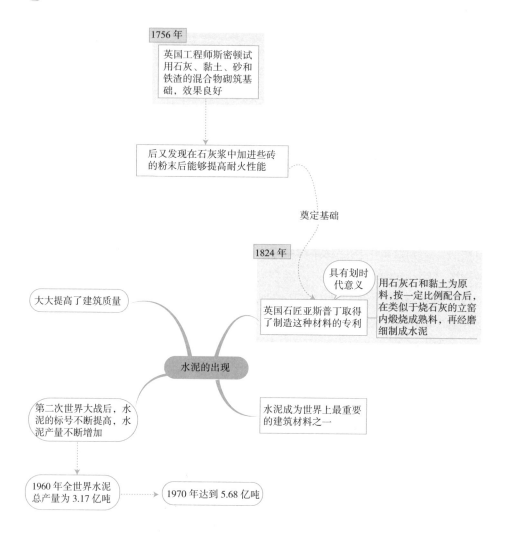

3.5.2　硫化橡胶的发明

橡胶是人们生活中普遍使用的材料，有着悠久的使用历史。早在公元 13 世纪时，美洲的玛雅人和阿兹特克人已在使用橡胶制品。但那时所使用的是生橡胶。生橡胶有一个致命的弱点：温度低时容易失去弹性，温度高的时候又会变黏。为解决这一问题，美国人古德伊尔在 1839 年研制了硫化橡胶。

🎯 导图

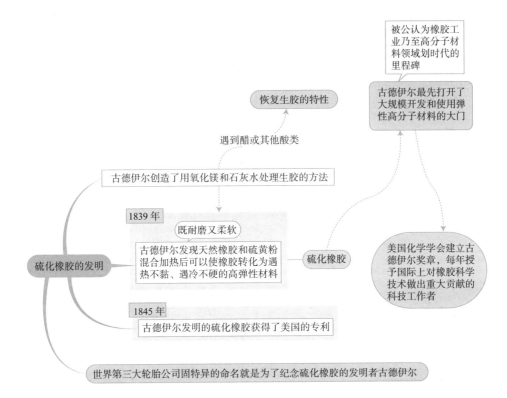

被公认为橡胶工业乃至高分子材料领域划时代的里程碑

古德伊尔最先打开了大规模开发和使用弹性高分子材料的大门

恢复生胶的特性

古德伊尔创造了用氧化镁和石灰水处理生胶的方法

遇到醋或其他酸类

1839 年

既耐磨又柔软

古德伊尔发现天然橡胶和硫黄粉混合加热后可以使橡胶转化为遇热不黏、遇冷不硬的高弹性材料

硫化橡胶

美国化学学会建立古德伊尔奖章，每年授予国际上对橡胶科学技术做出重大贡献的科技工作者

硫化橡胶的发明

1845 年

古德伊尔发明的硫化橡胶获得了美国的专利

世界第三大轮胎公司固特异的命名就是为了纪念硫化橡胶的发明者古德伊尔

🎯 人物小史与趣事

古德伊尔

查尔斯·古德伊尔（1800—1860），生于康涅狄格州纽黑文市，逝于纽约市。美国商人，硫化橡胶发明者。

1839年，古德伊尔发现天然橡胶和硫黄粉混合加热后可以使橡胶转化为遇热不黏、遇冷不硬的高弹性材料。古德伊尔最先打开了大规模开发和使用弹性高分子材料的大门，其贡献被公认为是橡胶工业乃至高分子材料领域划时代的里程碑。美国化学学会建立古德伊尔奖章，每年授予国际上对橡胶科学技术做出重大贡献的科技工作者。

世界第三大轮胎公司固特异的命名就是为了纪念古德伊尔。

3.5.3　合成染料的发现

　　100多年前，生活的色彩远没有今天这样的丰富多样，因为那时的染色技术非常匮乏。如果想要把布料染成自己喜爱的颜色，只能利用茜草、郁金、大黄、蓝靛、红花等通过植物染色法染色。由于这些植物染料种类数量有限，并且染出的色泽不够明亮，远不能满足人们对色彩的爱好与需求。直到1856年，化学合成染料出现后，才解决了人们对色彩的需求。这项化学上的重要发明，由英国人柏琴完成。

导图

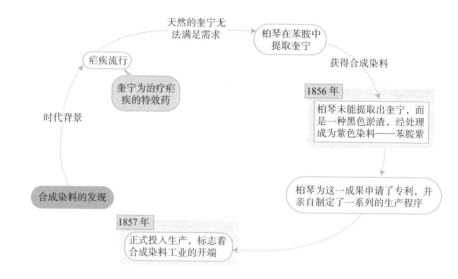

人物小史与趣事

柏琴

　　威廉·亨利·柏琴（1838—1907），英国人，有机化学家，发明家，合成染料的发明者。

　　柏琴的著作主要有《实用化学教程》《有机化学》《无机化学》等。

　　1856年，年仅18岁的柏琴由于一次偶然的实验而发明了人工合成染料。

★三个臭皮匠的公司

柏琴的爸爸乔治意识到柏琴的发现是未来的新产业，便拿出所有资金，叫柏琴的哥哥也转行，同柏琴三人成立了一个叫格林福特格林公司。这个投资举动是非常冒险的，因为困难重重，当时没有很纯的硫酸、硝酸，也缺乏最基本的原料苯胺。要生产这种染料，至少需要几百个化学工程师、机械工程师，要好多年的努力才能完成。

反观柏琴一家父子三人，其中两人不知道化学是什么，柏琴也从未进过化工厂，许多生产的复杂设备都需要自己设计、制造。柏琴事后写道："不要轻易放弃，不要轻易绝望，真正的成果，是在困难中坚持下去，才会开花结果的"。

半年以后，紫红的人工染料终于在父子三人的不懈努力下上市了。

★科学的恩惠在努力中呈现

1906年8月26日，在发明人工合成染料50年后，世界各处的化工染料专家、教授、企业家、政府官员齐聚一堂，要将最高的荣誉颁给柏琴。隔年7月14日柏琴就安息了。柏琴除了发明第一种合成染料外，也合成了第一种人工香料"香豆精"，他对于不饱和脂肪酸的合成与用光偏转研究碳化合物的结构，对有机化学都有很重要的贡献。后来世界染料工业的发达，也带动了化学工程的起飞。今天各种染料、印花技术使我们的服装五彩缤纷，而这些技术源自柏琴无意中的发现，更是努力的结晶。科学的恩惠在努力中呈现。

3.6 文化与其他

3.6.1　电池的发明

1799年，意大利物理学家伏特在做实验时，将一块锌板和一块锡板浸在盐水中，发现连接两块金属的导线中有电流通过。于是，他将许多锌片与银片之间垫上浸透盐水的绒布或纸片，平叠起来。用手触摸两端时，会感到强烈的电流刺激。1800年3月20日伏特宣布，他制成了世界上第一个电池——"伏特电堆"（也称"伏打电堆"）。

导图

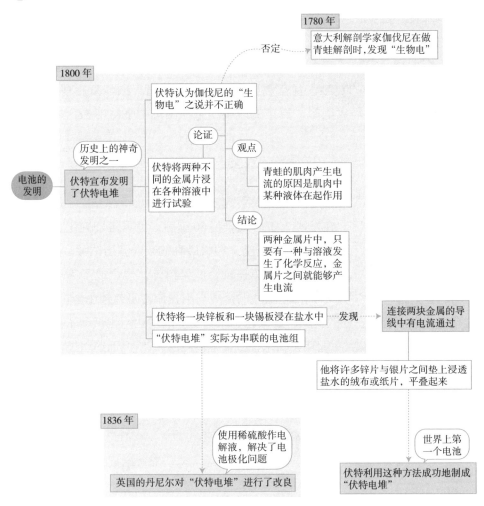

人物小史与趣事

伏特　　亚历山德罗·伏特（1745—1827），意大利物理学家，因在1800年发明伏特电堆而著名。后来他受封为伯爵。

伏特

1769年伏特发表了第一篇科学论文，1774年任科莫皇家学校物理学教授，1779年任帕维亚大学物理学教授。1777年，伏特改进了起电盘和验电器。1791年被选为英国皇家学会会员，1794年获皇家学会科普利奖章。1800年3月20日发明伏特电池。1801年伏特获法国拿破仑一世授予的伏特金质奖章、奖金和伯爵衔。为纪念他，电压单位取名伏特。

★伏特的一生

伏特出生在意大利科莫一个富有的天主教家庭里。他在19岁时创作了一首关于化学发现的六韵步拉丁文小诗。在青年时期他就开始了电学实验，并读了许多书，他的好友加托尼送给他一些仪器，并在家里让出了一间房子来支持他的研究。

伏特16岁时开始与一些著名的电学家通信，其中有巴黎的诺莱和都灵的贝卡里亚。贝卡里亚是一位很有成就的国际知名的电学家，他劝告伏特少提出理论，多做实验。而事实上，伏特青年时期的理论思想远不如他的实验重要。随着岁月的流逝，伏特对静电的了解至少可以和当时最好的电学家媲美。不久后他开始应用他的理论制造出各种有独创性的仪器，原因在于他对电量、电势或张力（如他自己所命名的）、电容以及关系式 $Q = CV$ 都有了明确了解。

伏特制造出的仪器中，一个著名例子是起电盘。一块导电板放在一个由摩擦起电的充电树脂"饼"上端，然后用一个绝缘柄与金属板接触，使它接地，再将它举起来，于是金属板就被充电到高电势，这个方法可以用来使莱顿瓶充电。这种操作可以不断地重复。这一发明是非常精巧的，之后发展为一系列静电起电机。

在后来的发展中，伏特强烈地感到，他必须定量地测定电量，于是他设计了一种静电计，即各种绝对电计的鼻祖，它能够以可重复的方式测量电势差。他还为他的静电计建立了一种刻度，根据起电盘的发明和他的描述，我们可以确定它的单位是今天的13350伏。

1775年，由于起电盘的发明，伏特担任了科莫一些学校的物理教授。他的声名远扬，苏黎世物理学会选举他为会员。

伏特的兴趣并不仅限于电学。他通过观察马焦雷湖附近沼泽地冒出的气泡，发现了沼气。他把对化学和电学的兴趣结合起来，制成了一种称为气体燃化的仪器，可以用电火花点燃一个封闭容器内的气体。他在32岁时去瑞士游历，见到了伏尔泰和一些瑞士物理学家。回来后他被任命为帕维亚大学物理学教授，这是伦巴第地区最著名的大学。他担任这个教授职务一直到退休。

伏特在1792年去国外游历，到了德国、荷兰、法国和英国。他访问了一些最著名的同行，例如拉普拉斯和拉瓦锡（1743—1794），有时还与他们共同做实验。他当时还被选为法国科学院的通信院士，不久又被选为英国皇家学会的外国会员。

伏特在45岁生日后不久，读到了伽伐尼1791年的文章，这促使他做出了更伟大的发明和发现。伏特对于自己的实验内容描述道："超出了当时已知的一切电学知识，因而它们看来是惊人的。"起初他同意伽伐尼用蛙做莱顿瓶的观点，但几个月后，他开始怀疑蛙主要是一种探测器，而电源则在动物之外，他还注意到，如果两种相互接触的不同金属放在舌上，就会引起一种特殊的感觉，有时是酸性的，有时是碱性的。他假定，并且也能用静电测量证明，两种不同的金属如铜和锌接触时会得到不同的电势。他测量了这种电势差，得到的结果与我们现在所知的它们之间的接触电势差没有多大差别。至少当连接肌肉和神经的金属电弧是双金属时，只要假定蛙是一种非常灵敏的静电计，伽伐尼实验就到了解释。当然，伽伐尼回答说，甚至当金属电弧是单金属的时候，他也可以观察到肌肉的收缩。这是一种严峻的反对意见，伏特对此指出了金属的不纯和其他原因来为自己辩解。

伏特对这个问题进行了更深入研究，使他发明了伏特电堆，这是历史上最神奇的发明之一。伏特发现导电体可以分为两大类。第一类是金属，它们接触时会产生电势差；第二类是液体（现称电解质），它们与浸在里面的金属之间没有很大的电势差。而且第二类导体互相接触时也不会产生明显的电势差，第一类导体可以依次排列起来，使其中第一种相对于后面的一种是正的，例如锌对铜是正的，在一个金属链当中，一种金属和最后一种金属之间的电势差是一样的，仿佛其中不存在任何中间接触，而第一种金属和最后一种金属直接接触似的。

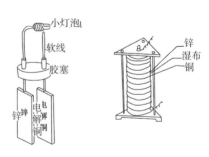

伏特最后得到了一种思想，他将第一种导体和第二种导体连接使得每一个接触点上产生的电势差可以相加。他将这种装置称为"电堆"，因为它是由浸在酸溶液中的锌板、铜板和布片重复许多层而构成的。他在一封写给皇家学会会长班克斯的著名信件中介绍了他的发明，用的标题是《论不同导电物质接触产生的电》。电堆能够产生连续的电流，其强度的数量级比从静电起电机得到的电流大，由此开始了一场真正的科学革命。

1801年伏特去巴黎，在法国科学院表演了他的实验，当时拿破仑也在场，他立即下令授予伏特一枚特制金质奖章和一份养老金，于是伏特成为拿破仑的被保护人，正如20年前，他曾是奥地利皇帝约瑟夫二世的被保护人一样。1804年他要求辞去帕维亚大学教授而退休时，拿破仑拒绝了他的要求，赐予他更多的名誉和金钱，并授予他伯爵称号。但他对政治毫不关心，只专心于他的研究。

伏特最后8年是在他的坎纳戈别墅和科莫附近度过的，他完全过着一种隐居的生活。1827年伏特去世，终年82岁。

3.6.2　钢笔的发明

钢笔是人们普遍使用的书写工具，它是在19世纪初发明的。1809年，英国颁发了第一批关于储水笔的专利证书，这标志着钢笔的正式诞生。

导图

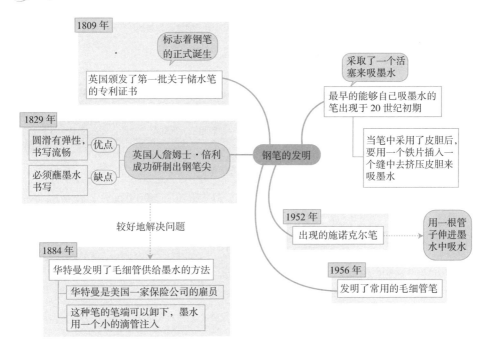

1809年
英国颁发了第一批关于储水笔的专利证书
标志着钢笔的正式诞生

1829年
英国人詹姆士·倍利成功研制出钢笔尖
优点：圆滑有弹性，书写流畅
缺点：必须蘸墨水书写

较好地解决问题

1884年
华特曼发明了毛细管供给墨水的方法
华特曼是美国一家保险公司的雇员
这种笔的笔端可以卸下，墨水用一个小的滴管注入

钢笔的发明

采取了一个活塞来吸墨水
最早的能够自己吸墨水的笔出现于20世纪初期
当笔中采用了皮胆后，要用一个铁片插入一个缝中去挤压皮胆来吸墨水

1952年
出现的施诺克尔笔
用一根管子伸进墨水中吸水

1956年
发明了常用的毛细管笔

3.6.3　照相机的发明

照相机是用于摄影的光学器械。被摄景物反射出的光线通过照相镜头和控制曝光量的快门后，在暗箱内的感光材料上形成潜像，这种技术称为摄影。法国人涅普斯在1826年发明了世界上第一台相机。

导 图

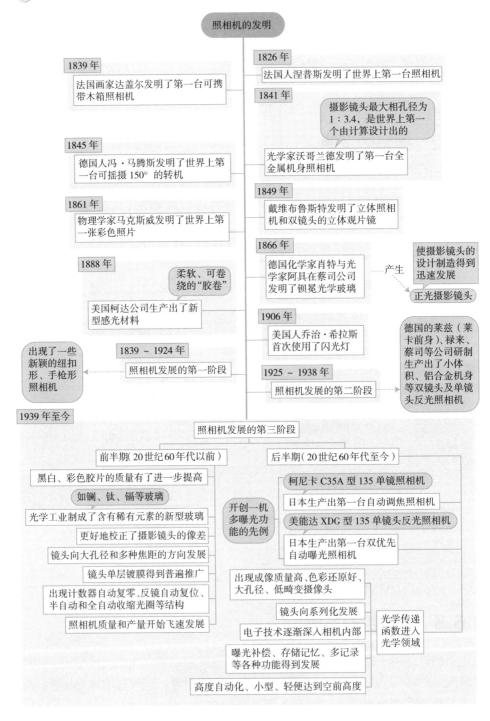

照相机的发明

1826 年
法国人涅普斯发明了世界上第一台照相机

1839 年
法国画家达盖尔发明了第一台可携带木箱照相机

1841 年
摄影镜头最大相孔径为 1：3.4，是世界上第一个由计算设计出的

光学家沃哥兰德发明了第一台全金属机身照相机

1845 年
德国人冯·马腾斯发明了世界上第一台可摇摄 150° 的转机

1849 年
戴维布鲁斯特发明了立体照相机和双镜头的立体观片镜

1861 年
物理学家马克斯威发明了世界上第一张彩色照片

1866 年
德国化学家肖特与光学家阿贝在蔡司公司发明了钡冕光学玻璃

使摄影镜头的设计制造得到迅速发展

产生 → 正光摄影镜头

1888 年
柔软、可卷绕的"胶卷"

美国柯达公司生产出了新型感光材料

1906 年
美国人乔治·希拉斯首次使用了闪光灯

1839～1924 年
照相机发展的第一阶段

出现了一些新颖的纽扣形、手枪形照相机

1925～1938 年
照相机发展的第二阶段

德国的莱兹（莱卡前身）、禄来、蔡司等公司研制生产出了小体积、铝合金机身等双镜头及单镜头反光照相机

1939 年至今
照相机发展的第三阶段

前半期（20世纪60年代以前）
- 黑白、彩色胶片的质量有了进一步提高
- 如镧、钛、镉等玻璃
- 光学工业制成了含有稀有元素的新型玻璃
- 更好地校正了摄影镜头的像差
- 镜头向大孔径和多种焦距的方向发展
- 镜头单层镀膜得到普遍推广
- 出现计数器自动复零、反镜自动复位、半自动和全自动收缩光圈等结构
- 照相机质量和产量开始飞速发展

后半期（20世纪60年代至今）
- 柯尼卡 C35A 型 135 单镜照相机
- 日本生产出第一台自动调焦照相机
- 美能达 XDG 型 135 单镜头反光照相机
- 日本生产出第一台双优先自动曝光照相机

开创一机多曝光功能的先例

- 出现成像质量高、色彩还原好、大孔径、低畸变摄像头
- 镜头向系列化发展
- 电子技术逐渐深入相机内部
- 曝光补偿、存储记忆、多记录等各种功能得到发展
- 高度自动化、小型、轻便达到空前高度

光学传递函数进入光学领域

人物小史与趣事

达盖尔

路易·雅克·芒代·达盖尔（1787—1851），法国美术家和化学家，因发明银版照相法而闻名。

他学过建筑、戏剧设计和全景绘画，尤其擅长舞台幻境制作，也因此声誉卓著。

为了奖励达盖尔在照相法上做出的突出贡献，1839年，法国政府和法国科学院分别授予达盖尔和涅普斯的继承人6000法郎和4000法郎。达盖尔还被授予了法国科学院名誉院士的荣誉称号。

★发明照相法

正如所有的艺术家都尽量使自己的作品贴近自然、贴近生活一样，喜欢绘画的达盖尔很小的时候就在考虑作品与真实的问题。正是这一点，促使他最终发明了照相机。达盖尔从小便展现出了惊人的绘画天赋，尤其是画人物肖像，更是惟妙惟肖。达盖尔流传下来的画有上百幅之多，许多作品被世界著名的美术馆和私人收藏。达盖尔小的时候经常被镇上的居民邀去画肖像。

画一幅逼真的肖像画要花去这位天才小画家不少的时间和精力。为了找到快速成像的方法，达盖尔进入了沉思。而对于这一问题，其他人也在思考着、探索着。法国人涅普斯在1826年就已经拍出了世界上第一张永久性照片，但是这种照片需要曝光的时间长达8个小时，而且技术很难掌握。最遗憾的是过了一段时间以后，照片会变暗、模糊，无法长期保存。尽管如此，达盖尔听到这个消息之后，还是非常兴奋，他开始思考在此技术的基础上能否设计出一种曝光时间短的照相技术。

1822年，达盖尔在巴黎开办了一个名为"西洋镜"的展览，在当时引起了轰动。这是一种以灯光的变化产生各种各样效果的画片景色展览，类似于现在的幻灯片技术，也就是达盖尔式照相法的雏形。

达盖尔深知个人力量的渺小，在做成功一件事情时，需要依靠大家共同的努力来完成。1829年，达盖尔与涅普斯开始合作，共同发展和完善涅普斯发明的阳光照相法。他们两个人志趣相投，情同手足，开始了长达4年的合作。在合作过程中，他们互相激励，互相启发，新的照相法在一天天成熟起来。但不幸的是，1833年5月5日，涅普斯因病在巴黎辞世，享年71岁。这一事实几乎将达盖尔摧垮，经过一段时间的冥思苦想之后，他还是冷静下来，继续进行实验工作。

达盖尔在他的日记中写道："无论发生什么事，必须首先考虑不要让事业受到损失。这是我们神圣的职责，是它把我们结合在一起，在任何情况之下，都必须坚持下去，哪怕是要付出最大的牺牲。"这是达盖尔的"精神信仰"，也是他为科学事业忘我奋斗一生的座右铭。经过长达10年的不懈努力，达盖尔终于取得了成功！

照相机成像原理

照相机的镜头是一个凸透镜，来自物体的光经过凸透镜之后，在胶卷上形成一个缩小、倒立的实像。胶卷上涂着一层感光物质，它能够将这个像记录下来，经过显影、定影后成为底片，用底片洗印就得到相片。

达盖尔照相法是世界上第一个成功的摄影方法。其基本思路是让一块表面上有碘化银的铜板曝光，然后蒸以水银蒸气，并用普通食盐溶液定影，就能形成永久性影像。后来，达盖尔根据此方法制成了世界上第一台照相机。他的照相机与今天我们使用的照相机基本类似，由镜头、光圈、快门、取景器和暗箱等部分组成。镜头是照相机的重要部分，景物就是通过它来结成影像，它由不同性质不同形状的透镜组成。达盖尔照相机只有一种焦距；光圈是装在照相机镜头里用来调节通光量强弱的设备，当时的照相机设有4、11、16三种光圈；快门是用来调节光线进入镜头多少的装置；取景器决定所摄照片的范围；暗箱是一个不透光的匣子，用以放置胶片。达盖尔巧夺天工的设计一直沿用至今。有了成熟的技术之后，达盖尔决定将它公诸于世。1839年1月19日，在巴黎召开的法国科学学会的一次正式会议上，达盖尔式照相法及照相机由法国天文学家和物理学家阿拉戈（D.F.J.Arago）正式宣布。这种新型的照相术最可贵的一点就是曝光时间仅需要20～30分钟，大大降低了等候的时间，做到了真正的方便、快捷。

在人们热烈的掌声中，达盖尔走上台介绍自己的照相技术。他说道："我们当中有谁不想揭开未来的帷幕，看一看今后的世纪里我们这门科学发展的前景和奥秘呢？在广阔而丰富的光学领域，新世纪将会带来什么样的新方法和新成果呢？"达盖尔这份经过半年精心准备的演讲稿长达40页，总共列出了23个问题，预示了新世纪整个照相技术的发展方向。为了尽可能缩短讲演时间，他只选出其中10个问题做了演说。这次历史性演讲，激发了当时整个科学界的想象力。以后各种各样的照相术的发明大都是以它为基础发展而来的。巴黎会议之后，达盖尔并没有停止自己的研究工作，而是将大量的时间用于探讨、分析问题。

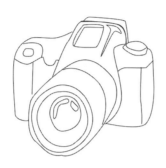

达盖尔工作认真负责，甚至一忙起来就连续工作几天几夜。他思考问题时思想能够高度集中，处理问题果断，他非凡的才能和工作干劲给周围的人留下了深刻的印象。1849年，正当他精力旺盛、准备进一步研究照相技术的时候，却得了颈部瘤（这在当时医学不发达的时代是一种无药可治的疾病）。但是，即使在病魔折磨他的那些日子里，达盖尔仍然坚持工作，思考问题，著书立说，宣传自己的照相技术。病情的加剧，使得这位成绩卓著的发明巨匠于1851年7月10日在巴黎过早地离开了人世，享年64岁。

达盖尔对于人类进步的最主要的贡献是发明了达盖尔式照相法，以及后来根据此原理而研制成功的世界上第一台照相机。他是照相技术及照相机的发明人，被誉为"现代摄影之父"。现在人们使用的各种各样的照相机，都是依据达盖尔当时设计照相机时的工作原理加以变化而制造出来的。

3.6.4 火柴的出现

学会取火是人类文明的重大进步。取火方法大体有四种：摩擦法、打击法、压榨法和光学发火法。其中，最早出现的是摩擦法和打击法。火柴的雏形在18世纪末的罗马出现，有人在一根长木棒顶端涂上浓氯酸钾、糖和树胶的混合物，当人们要使用火时，就将大棒的顶端伸进一个盛有硫酸溶液的器皿里，使二者相遇发生化学反应而燃烧。1827年，英国化学家约翰·沃克发明了与现代火柴相似的引火棍。

导图

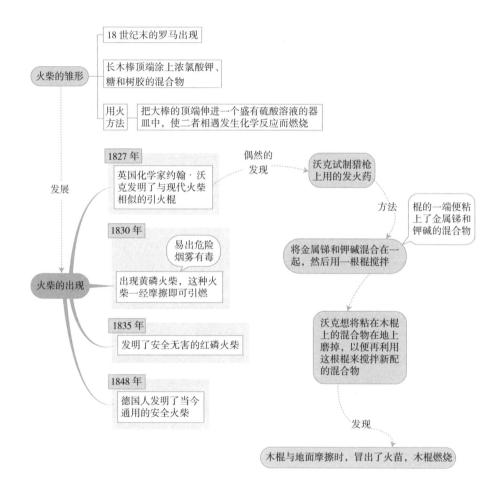

3.6.5 转炉炼钢技术的发明

1856年英国人贝塞麦发明了底吹酸性转炉炼钢法，这种方法是近代炼钢法的开端，促进了欧洲的工业革命。但由于无法去除硫和磷，因而其发展受到了限制。

导图

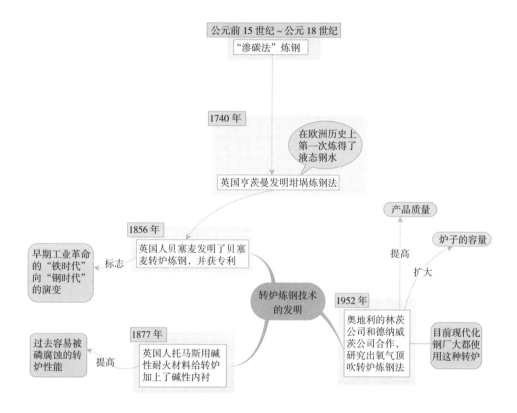

公元前 15 世纪～公元 18 世纪
"渗碳法"炼钢

1740 年

在欧洲历史上第一次炼得了液态钢水

英国亨茨曼发明坩埚炼钢法

1856 年

英国人贝塞麦发明了贝塞麦转炉炼钢，并获专利

早期工业革命的"铁时代"向"钢时代"的演变 ← 标志

转炉炼钢技术的发明

产品质量 ← 提高

炉子的容量 ← 扩大

1952 年

奥地利的林茨公司和德纳威茨公司合作，研究出氧气顶吹转炉炼钢法

目前现代化钢厂大都使用这种转炉

1877 年

英国人托马斯用碱性耐火材料给转炉加上了碱性内衬

过去容易被磷腐蚀的转炉性能 ← 提高

人物小史与趣事

亨利·贝塞麦

亨利·贝塞麦（1813—1898），英国发明家和工程师，转炉炼钢法的发明人之一。

20 岁发明邮票印刷的新方法。后来全力进行炼钢法的研究，发现将融化的生铁放进转炉内，吹入高压空气，便可燃烧掉生铁所含的硅、锰、磷、碳，而炼成钢，这是首创大量产钢的方法。

贝塞麦曾任英国钢铁学会主席（1871～1873 年），1879 年当选为英国皇家学会会员，同年被授予爵位。1898 年 3 月 15 日卒于伦敦。

3.6.6　安全炸药的发明

　　炸药是在一定的外界作用下能够发生爆炸，同时释放热量并形成高热气体的化合物或混合物，危险系数很高。瑞典人诺贝尔研制了安全炸药，并在1867年取得了专利权。

导图

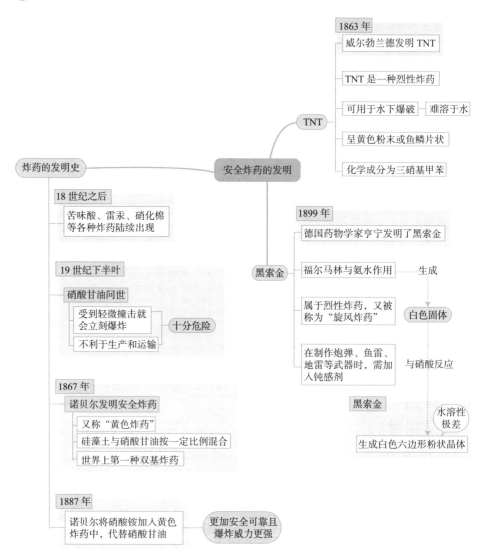

人物小史与趣事

诺贝尔

阿尔弗雷德·贝恩哈德·诺贝尔（1833—1896），瑞典化学家、工程师、发明家、军工装备制造商，炸药的发明者。

诺贝尔一生拥有355项专利发明，并在欧美等五大洲20个国家开设了约100家公司和工厂，积累了巨额财富。

1895年，诺贝尔立遗嘱将其遗产的大部分作为基金，将每年所得利息分为5份，设立物理、化学、生理学或医学、文学及和平5种奖金（即诺贝尔奖），授予世界各国在这些领域对人类做出重大贡献的人。为了纪念诺贝尔做出的贡献，人造元素锘（Nobelium）以诺贝尔命名。

★不愿把照片印在书上的科学家

19世纪下半叶，瑞典的一位出版家兴冲冲地朝一位科学家的家里走去。他要出版一部瑞典名人传，是专程来向这位科学家索取照片的。见了科学家，寒暄了几句，便说明来意。"真是不好意思！很遗憾，我没有照片。"这位科学家摊开双手，显出为难的样子。

出版家说："那好办，就马上照一张吧。"

"没必要登我的照片的。"

"那怎么行呢？"出版家笑了，"您可是瑞典的大名人，名人传怎能没有你呢？"

"我哪是什么名人啊！"这位科学家连连摇手，谦虚地说，"我没有出传记的价值。"

出版家反复恳求，这位科学家还是不同意。当他送出版家出门时说："你们要出版瑞典名人传，这是有意义的工作。我很喜欢订购这样一部有价值有趣味的书，不过——我请求你们千万不要刊登我的小照。"出版家只好遗憾地走了。

那么这位不愿把照片印在书上的科学家是谁呢？他就是著名的炸药发明者诺贝尔。

★不怕炸死的人

诺贝尔的父亲喜欢研究化学，并且也试验过炸药。受父亲的影响，诺贝尔从小就对研究炸药怀有浓厚的兴趣。加之诺贝尔经常看到开矿和筑路工人艰难而笨重的体力劳动，这使得他产生了利用爆破的威力减轻劳动、提高工效的想法，而解决这一问题的办法只有一种，即研究和发明炸药。

1847年，意大利化学家索勃罗发明了一种烈性炸药——硝酸甘油。硝酸甘油是一种无色的黏糊状液体，但是，使用这种炸药时如果稍不留神，就会发生危险。因此，诺贝尔决定就从改进这种烈性炸药开始。

硝酸甘油

一种黄色的油状透明液体，这种液体可因振动而爆炸，属化学危险品。同时硝酸甘油也可用于缓解心绞痛。

诺贝尔的实验并非一帆风顺，而是冒着很大危险的。各种冷嘲热讽不断袭来，但这些从未使他灰心。

诺贝尔反复试验，想找出一个既安全又方便的控制硝酸甘油的方法。1862年，方法终于找到了，诺贝尔通过导火线使硝酸甘油爆炸，并在运河里成功地进行了水下爆炸试验。

1863年，诺贝尔与父亲一起在斯德哥尔摩近郊办起了硝酸甘油工厂，并对火药质量做了进一步的改进，生产并出售一种由过去的黑火药和硝酸甘油混合而成的新型火药，取名为"斯普林格尔"，但是，这一新产品质量并没有完全"过关"。

1864年9月3日，诺贝尔又在实验室里进行炸药实验，不料却带来了大祸。炸药爆炸，整个实验室成了一片瓦砾，有5人被炸死。诺贝尔最小的弟弟埃密尔也在这次事故中遇难。由于爆炸猛烈，实验室周围的居民以为发生了大地震。诺贝尔的父亲也受了重伤，不久便去世了。诺贝尔因当时有事外出，得以幸免。实验炸药爆炸的消息传出来后，政府禁止诺贝尔在陆地上搞实验。家人朋友也劝其停止试验，但他并没有就此放弃。诺贝尔和他幸存的两个哥哥齐心合力，在改建工厂的同时，继续进行与炸药有关的研究。他们租了一条船在湖中搞实验。后来，他们在马伦湖上建立了一个小实验室。

时光流逝，失败的记录有几百次，然而这些并没有动摇诺贝尔的决心，他不断改进实验方法。1867年的一天，诺贝尔把雷汞（雷酸水银）装进一根管子里作导火线，用它来引爆硝酸甘油。试验开始时，他独自一人点燃了雷汞，为了看清整个实验过程，他凝神注视着，忘记了一切，包括他自己的安全。只听"轰"地一声巨响，实验室被送上了天，地上炸了一个大坑，仪器也在浓烟中翻飞。人们正在为诺贝尔担心时，忽然发现一团烟火向外飞奔，诺贝尔浑身是血，从火中跑出来。他一边奔跑一边狂呼："我成功了！我成功了！"

雷管就是这样在火和血中诞生的。它成功地解决了酸化甘油的引爆问题。诺贝尔又一次大难不死，得以继续从事他的事业。

★淡泊名利，千金用尽还复来

诺贝尔通过自己艰苦的研究，取得了辉煌的成绩，受到了世界各国人民的尊敬。当诺贝尔的事业发展起来后，他并没有停止研究。有一次，他的一个朋友不解地问道："你已经成为世界上闻名的大事业家了，难道还打算一辈子都关在实验室里吗？"

诺贝尔回答说："对于研究来说，是没有终点站的。"他的研究热情像火一样地燃烧着。

诺贝尔同时又是一位哲学家，在金钱和名誉问题上，是一位开明的有识之士。

从诺贝尔给他友人的信中透露的数字，可见他在短短的几年里，为扶贫支出了一笔笔可观的资金。1884～1886年，他支出200万法郎；1892年的前后几年中，每年为扶贫开支了40万英镑。不仅如此，当他母亲去世时，他还将分得的15000英镑的遗产，以他母亲的名字设立了"安德丽塔基金"，全部赠给了瑞典的科学和福利机构。虽然他身为巨富，却不愿将财产分给亲友们。他认为，大宗财富是阻滞人类才能的祸害，凡是拥有财富的人，只应给子女留下必需的教育经费，如果留给他们过多的财富，那是奖励懒惰，使他们不能发挥自己的才干。

诺贝尔的哥哥要求诺贝尔写自传，对他说："我正在整理我们家族的家谱，你是名闻世界的人物，没有你的自传简直太不像话了，你写份自传吧。"

"哥哥，不需要的！"诺贝尔回答道。

"那怎么行？"他哥哥劝道，"你写的自传并不仅仅是为你自己，也是为我们家族呀！你写吧，我们家族的家谱里有你的自传，就会增光添彩的！"

"我实难从命。"诺贝尔态度谦逊，但语气坚定地说，"我不能写自传，在宇宙旋涡中有恒河沙粒那么多的星球，而无足轻重的我有什么值得写的呢？"他认为自己做的一切，只是为人类做自己该做的一点儿事而已，他不愿意拿自认为微薄的贡献去换取荣誉。

★立遗嘱——诺贝尔奖

诺贝尔是个思想卓越而伟大的人，总想造福人类，维护世界和平，他一生独身，没有家眷，一门心思埋头研究，将毕生的精力都贡献给了人类的科学事业。1896年12月10日，诺贝尔因心脏病突发而在意大利逝世，终年65岁。

诺贝尔逝世后留下了一笔巨大的遗产。临终前他签署了一份著名的遗嘱，他将财产的大部分即3100万瑞典克朗作为基金，决定在每年的12月10日（即诺贝尔逝世日）向那些为和平与科学做出贡献的人颁发奖金。诺贝尔还在遗嘱中强调："不分国籍、肤色以及宗教信仰，必须要把奖金授予那些最合格的获奖者。"这就是著名的"诺贝尔奖金"。诺贝尔奖设物理学、化学、生理学或医学、文学以及和平奖5项（1968年又增设经济学奖），每年的12月10日由瑞典科学院颁发。诺贝尔奖从1901年开始颁发，促进了现代科学的发展。诺贝尔奖奖金是诺贝尔留给后人的巨大礼物，而世人将永远铭记诺贝尔这一闪光的名字。

4

电力与现代世界发展时期

（1870—1939 年）

19世纪末和20世纪初是现代科学技术发展较快的时期，主要表现在科学技术本身发生了深刻而广泛的革命，它直接影响着社会经济各个部门，使得动力机械、通信与文化、交通、光电、军事与航空航天以及生活等方面都发生了根本的变化，相应出现了各种发明。

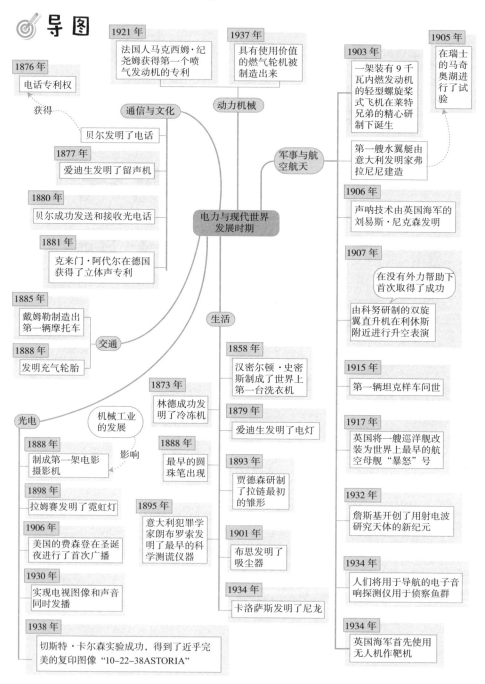

4.1 ☀ 动力机械

4.1.1 喷气发动机的发明

喷气发动机是一种通过加速排出的高速流体做功的热机或电机。1921年，法国人马克西姆·纪尧姆获得了第一个喷气发动机的专利。

🎯 导 图

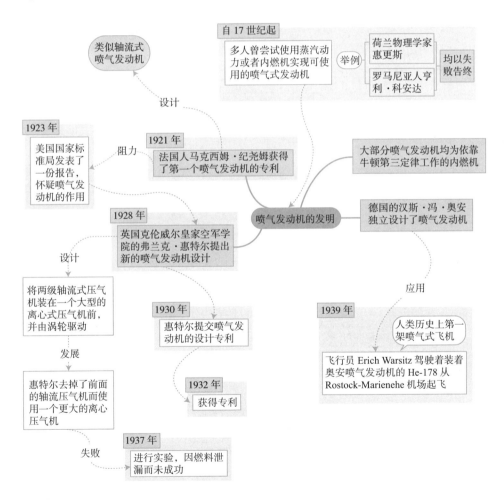

4.1.2   燃气轮机的发明

燃气轮机是一种用燃气推动涡轮直接产生旋转运动的动力装置，可连续无振动地高速工作。中国古代的走马灯、古罗马时代的烟风车，都是早期出现的燃气涡轮雏形。据记载，英国人巴伯在1791年便首次描述了燃气轮机的工作过程，但具有使用价值的燃气轮机直到1937年才被制造出来。

导图

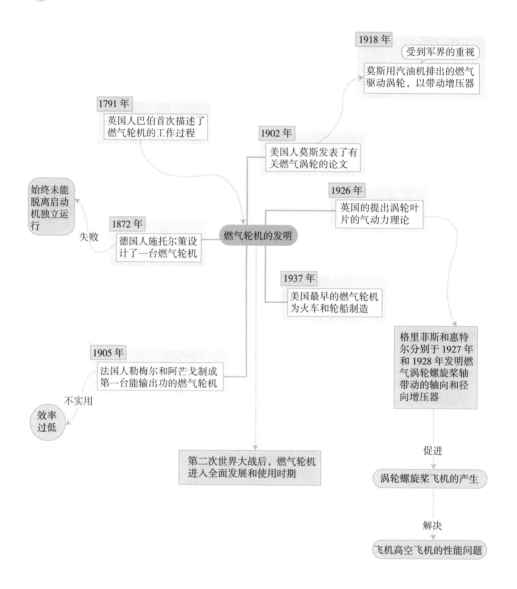

4.2 🔆 通信与文化

4.2.1 电话的发明

亚历山大·格雷厄姆·贝尔是波士顿大学的声音心理学教授，专门研究聋哑人的语言教育。在研究中，他对用电来传播声音的问题发生了兴趣。贝尔在1875年发明了电话，并于1876年获得电话专利权。

🎯 导 图

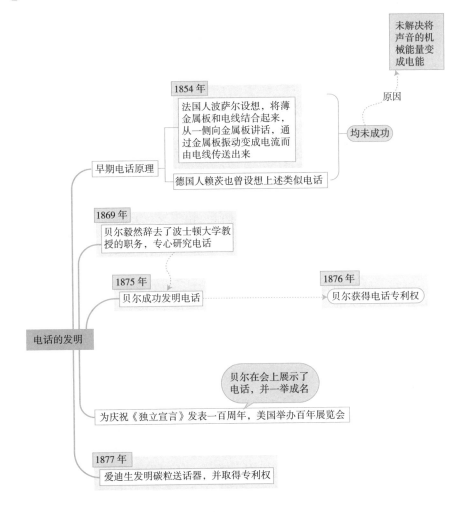

人物小史与趣事

贝尔

亚历山大·格雷厄姆·贝尔（1847—1922），美国发明家和企业家，被誉为"电话之父"。

他获得了世界上第一台可用的电话机的专利权，创建了贝尔电话公司（AT&T公司的前身）。此外，他还制造了助听器，改进了爱迪生发明的留声机，对哑语的发明贡献甚大；他写的文章和小册子超过100篇。1881年，他为发现美国总统詹姆斯·加菲尔德体内的子弹设计了一个检验金属的装置，即X光机的前身。他还创立了英国聋哑教育促进协会。

★声学世家的顽皮少年

亚历山大·格雷厄姆·贝尔于1847年3月3日出生在苏格兰的爱丁堡。他的父亲和祖父都是著名的声学家。他在聋哑人中工作过多年，对人的视觉特点、发声原理都有深入的研究。贝尔的父亲还创制过一套利用手势口型交替的"哑语"，给聋哑人带来了很大的方便。贝尔生活在这样的环境中，从小受到熏陶，对语言的传递有着浓厚的兴趣，这无疑为他后来发明电话打下了基础。贝尔在读书时除了在声学方面比较突出外，其他功课经常不及格，因此补习也就成了贝尔最头疼的事情。同时贝尔又淘气、又贪玩，书包里除了书本外还常常装着麻雀、老鼠一类的小动物。有一次老师在讲《圣经》时，老鼠竟从贝尔的书包里钻了出来，搞得满教室的同学你追我赶，哄堂大笑。

由于淘气和顽皮的缘故，贝尔被父亲送到伦敦由他祖父直接管教。其祖父是一个颇有个性的执拗老头，他很疼爱孙子，但要求非常严格。他像极了一头狮子，一脸花白的胡子，常使小贝尔望而生畏。不过贝尔很喜欢他，因为他祖父为人原则分明，且知识渊博。贝尔同他一起生活了一年，学到了很多东西，并改掉了顽皮的个性，养成了好学的良好习惯，从此踏上了探索科学真理的道路。

贝尔从伦敦回到故乡，很快就表现出对发明创造的热情。他家附近有一座老式水车磨坊，由一个青年人操作，后来这个小伙子应征当兵去了，剩下一个孤苦无靠的老人以磨面为生。每当水量变小时，水车就会停转，老人只好饿肚子。贝尔很同情他，于是约来一群小伙伴帮忙，大家你推我拉，开始都觉得好玩，但几天后就生厌了。最后只剩下贝尔一个人，难以推动石磨。贝尔回到家里，每天躲在父亲的书房里翻找图书资料，经过一个月反复琢磨，设计出了一张改良水车的图纸。几位工匠师傅看了图纸，大为赞赏。工匠照图改做后，水车的臼之间的摩擦大大减少，连儿童都可转动。消息传出，邻近村镇都赶来仿制。当时的贝尔只有十五六岁，很快他就成为同伴心目中的英雄。

在同学们的拥戴下，贝尔组织了一个少年技术协会，还制定了会章，要求每个会员承担一个科目的研究，每周演讲一次，发表各自的研究成绩。贝尔承担的是语音学和生物解剖学两个科目。讲演厅就设在他父亲书房顶上的阁楼里。贝尔的天赋在家庭的影响和祖父的严格教育下得到了充分发挥。他16岁就当上了语音学教师。一年后又考上了爱丁堡大学，选择了语音学作为自己的专业，立志解除聋哑人的语言障碍。

在爱丁堡大学，贝尔系统地研究了人的语音特点、发声机制和声波振动等专门知识，同时他又将所学的理论和父辈的实践经验结合起来，有很大的收获。1867年，贝尔20岁时，即以优异的成绩毕业于爱丁堡大学。为了继续深造，他又进了伦敦大学，仍然攻读语音学。

此时，贝尔家发生了不幸的事，他的两个兄弟相继因肺病死去。那时肺病在英国非常猖獗，贝尔的父亲接连失去两个儿子，心里非常害怕，于是决定离开英国，带领贝尔和全家远渡重洋，移民到加拿大。

年轻的贝尔到加拿大之后，继续从事语音学研究，并在一所中学兼教语言课。1871年，他又来到美国，在波士顿聋哑人学校任职。1873年由于才华出众而被聘为美国波士顿大学的语音学教授。这时贝尔的父亲已成为北美闻名的语言学专家，他们父子俩经常应邀到各地演讲。贝尔少年时即有过演说锻炼，他的专业知识也日渐成熟。每次演讲并不比父亲逊色，很快贝尔父子的名声就传遍全美。

★ 了不起的理想

在贝尔生活的时代，电报已经广泛应用，成为一种新兴的通信工具。但是电报只能传递电码，局限性大，许多发明家、科学家开始考虑发展新一代通信工具，即以电导线直接传递人的语音。遗憾的是，人们进行了20多年的探索均未成功，因为在导线上传递语言比传送单纯的数码要困难得多。后来，贝尔也被这个奇妙的问题所吸引。声学本是他的专业，他家从祖辈起，就将人类语音传递当作己任，对贝尔来说，发明电话不只是美好的理想，也是一种义不容辞的使命，于是他决定开始新的研究。

有一天，一个偶然的实验启发了贝尔。他发现：当电流导通和截止时，螺旋线圈会发出噪声，类似于发送电报的"嘀嗒"声。一个大胆的设想在他的脑海中浮现：在讲话时，如果能使电流强度的变化模拟声波的变化，那么用电传语音不就能实现了吗？贝尔兴致勃勃地把自己的想法告诉了几位电学界的人士。但听者都不以为然，一位好心的朋友劝他道："你存在这种幻想，实在是因为缺乏电学常识，只要你多读两本《电学入门》，导线传递声波的狂想自会消灭。"贝尔碰了钉子，但他并没有泄气。他决定去求教约瑟夫·亨利——当时美国著名的物理学家。当贝尔来到老科学家的寓所时，老人正在午睡，贝尔不愿打扰他，就站在细雨中静静地等候。两个小时后老人醒来时，贝尔的外衣已湿透了。老科学家非常感动，并客气地接待了贝尔。

贝尔陈述了他的发现，并详细解释了用电线传递语音的设想。贝尔讲完后，怀着紧张的心情问道："先生，您看我该怎么办？是发表我的设想，让别人去做，还是我自己也应该努力去实现呢？"

"您有一个了不起的理想，贝尔。"亨利慈爱地答道，"干吧！小伙子。"

"可是，先生，有许多制作方面的困难，而且——我不懂电学。"

"掌握它！"这位大科学家斩钉截铁地说。

这句话对贝尔产生了很大的影响，许多年后，贝尔在他的回忆录中写道："没有这三个令人鼓舞的大字，我是绝对发明不了电话的。"回到波士顿，贝尔开始悉心学起电学。他的业余时间全都用在电学的研究上。贝尔这时刚刚26岁，精力充沛，经过刻苦用功，没多久学习就过了关。

1873年夏，贝尔开始谐波电报的实验。他试图将电学和声学熔于一炉，万事皆备，尚需要一名得力助手。在一次偶然的机会，贝尔遇到一个年轻的电工技师，二人一见如故。技师名叫沃特森，只有18岁，他对贝尔的理想坚信不疑，表示一定尽全力帮助贝尔实现理想。沃特森后来履行诺言，矢志不渝，成为贝尔的终身战友。

贝尔近郊公寓的宿舍成了他们的实验室，这间灰尘满地、拥挤闷热的小屋同时又兼作二人的卧室。两位青年人埋头其中，一边研究电声转换原理，一边设计实用机械。贝尔每有一种新的构思，沃特森马上照图施工，从无怨言。日复一日，700多天过去了，他们究竟试过多少方案，有过多少失败，已无法统计。最后，两台粗糙的

样机被制造出来。

贝尔在一个圆筒底部装一薄膜，膜中央垂直连接一炭杆，插入硫酸液里，人讲话时薄膜振动，杆与硫酸接触处的电阻发生变化，电流随之有强有弱，接收处利用电磁原理，再将电信号复原为声音，这就实现了用电传递声波。为了验证机器的效果，他们将导线从住处架到公寓的另一端。试验开始，贝尔和沃特森对着自己的装置大声疾呼，可是机器却毫无反应。他们一连试了好几天，直到两人嗓子都喊哑了，机器还是没有反应。经过两年多的努力，耗尽心血，造出来的电话竟是一个不争气的"哑巴"。但他们没有泄气，贝尔继续苦苦探索着。成功终究会眷顾勤奋努力的人们，1876年3月10日，沃特森正在另一间实验室工作，突然他听到听筒里传来呼叫声："沃特森，请到这里来，我需要你。"沃特森惊喜地大喊："贝尔，我听见了，听见了。"这时两人不约而同地推开大门向对方奔去，两人紧紧拥抱在一起，流下了激动的泪水。原来当时贝尔正在楼上调试送话器，一不小心将蓄电池里的硫酸泼到裤子上，情急之下急呼助手沃特森，没想到这呼叫竟成了世界上第一句通话，成了科技史上具有永恒意义的一句话。它向世界宣称：电话诞生了。

当天夜里，贝尔怀着激动的心情给妈妈写信说："今天对我来说是个重要的日子，我们的理想终于实现了！我觉得，把电线架设到房子里的日子不远了，朋友们将不必离开家就可以互相交谈啦……"

★ 艰难的推广之路

贝尔原本以为电话的诞生势必会为世人所争购使用，但是他想得过于乐观。当时人们受认知所限，对他的新发明都持怀疑态度，无人问津。这使得贝尔意识到：电话的发明只是成功的一半，要使电话为社会承认，还需要他们做艰苦持久的推广。几个月后，适逢美国举行建国百年展览会。贝尔和沃特森在会上表演电话实验。游客们很好奇，围观的人络绎不绝，大为赞赏。然而事实上，人们为电话喝彩，不过是将其看成新奇的玩具，觉得有趣而已，谁也没有看到它的实用价值，在展览会主持者的眼里，贝尔和沃特森仿佛是两个玩魔术的演员。

二人回到波士顿后，一方面对电话机再加改进，另一方面利用各种场合宣传电话机的原理及其应用前景。一晃两年过去了，1878年贝尔在相距300千米的波士顿和纽约间进行了首次长途电话试验。按照原计划，贝尔和沃特森处各聘一名歌手，但到试验开始时，沃特森处的歌手却迟迟未到。贝尔急中生智，在电话中命令沃特森出马顶替。当时有数百名女学生前来参观，从来没有当众唱过歌的沃特森面对一群妙龄少女，实在是不好意思唱。但是在贝尔的再三催促下，他终于满面通红地鼓足勇气，放声高歌。电话里顿时传出对方的欢呼和掌声，试验获得意外的成功。第二天，波士顿一家报纸用头条新闻报道了这次试验，并发表评论道："这项发明总有一天会使长途电信业务完全改观。"年轻的贝尔获得了巨大的成功，此后，他创办了电话公司，并把改进后的电话引进美国社会直至遍及全世界，荣誉和财富也滚滚而来。

★放弃当大学教授的人

有一天，一位仪容整齐的绅士前来拜访贝尔："贝尔先生，您好！我叫汤姆斯·桑德士，住在塞内姆，是一家公司的董事长，有件事想拜托您。我有一个名叫乔治的五岁儿子，他很可怜，一出生就不会讲话。我听说您从事聋哑教育，昨天特地来参观您上课的情形。您真是一位伟大的教育家，我想请您来教导我的孩子，不过把只有五岁的孩子送到这里来，我实在不太忍心。因此，我有一个很自私的请求，能不能请您到塞内姆来？在塞内姆，除了我的孩子以外，还有很多的聋哑儿童，那里没有这种学校，如果您能去的话，我们这些父母一定会很感激你。当然啦，住宿的问题，我们会准备好，生活方面也绝对会尊重您，请您接受我这个无理的要求，好吗？"

桑德士的眼神中，充满了对子女的温柔关爱。贝尔深受感动，但如果答应了桑德士的请求，就意味着他必须放弃波士顿大学教授的职位，在抉择面前，贝尔毫不犹豫地答应了桑德士的请求。因为他想，如果辞去教授的职位，自然会有人来递补，但塞内姆方面却完全没有从事这种工作的合适人选，相比之下桑德士更需要他。不难看出，贝尔不仅在科学方面有卓越的成就，为人也非常高尚。

就这样，贝尔辞去了波士顿大学的教授职位，搬进了塞内姆的桑德士公馆，担任乔治和这镇上其他聋哑儿童的语言老师。虽然他失去了大学教授的头衔，但赢得更多的尊重。

4.2.2　留声机的发明

1878年的巴黎世界博览会，包括52835项展示品，其中爱迪生在1877年所发明的留声机，更是令世人惊奇，成为极具时代代表性的展品。

导图

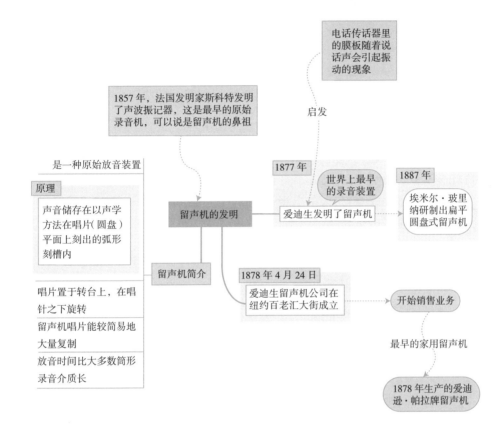

人物小史与趣事

爱迪生

托马斯·阿尔瓦·爱迪生（1847—1931），发明家、企业家。爱迪生是技术历史中著名的天才之一，他一生的发明共有两千多项，拥有专利一千多项。

爱迪生被美国权威期刊《大西洋月刊》评为影响美国的100位人物第9名。

美国第31任总统胡佛这样称赞爱迪生："他是一位伟大的发明家，也是人类的恩人。"

★爱追根问底的发明家

留声机是发明之王——爱迪生在一个偶然的机会下发明的，当时他才30岁。

爱迪生出生于美国俄亥俄州的米兰市。他自幼文静瘦弱，但却富于幻想。爱迪生一生成就卓越，关于他的故事千千万万，其中一个耳熟能详的故事是他孵鸡蛋的故事。爱迪生5岁那年看到母鸡孵小鸡时，突然异想天开地蹲在鸡窝里孵起小鸡来。当他父亲把他从鸡窝里拉走时，他还迷惑不解地问："为什么母鸡能孵小鸡，而我却不能呢？"

因为爱迪生太爱追根问底，以至常常问得老师张口结舌。教他的那位老师恼羞成怒，辱骂爱迪生。爱迪生的母亲一气之下让他休了学，开始由她自己来教育他。从此，爱迪生就失去了受正规教育的机会。此后不久，由于家境困难，12岁的爱迪生开始在火车上当报童，一边卖报为生，一边开始自学。有一次，爱迪生碰见一个铁路小站站长的小孩遇险，他见义勇为，奋力抢救了这个小孩。站长感激不已，决定以教爱迪生学习收发电报技术作为报答。爱迪生不久即掌握了收发电报技术。

爱迪生在工作余暇刻苦读书，认真进行各种科学实验。他长期致力于电气通信问题的研究，特别是集中精力研究自动发报、收报的电报机。他的设想是：在一个纸制圆板上用切口的方式把电文刻上，旋转纸圆板，使一个小杠杆上下活动。如果这个小杠杆和电开关连动，就能够自动把电报发送出去。在进行这项研究的过程中，爱迪生发现了一个有趣的现象：当纸板快速旋转时，小杠杆就发出奇怪的声音。经过反复思考，爱迪生认为这一定是由于圆形纸板上刻的切口使小杠杆振动而发出的声音。这一发现给了他新的启发：如果纸板上的小切口按人声音的振动刻上去，会不会使人的声音再现出来呢？

爱迪生立刻按这一想法进行试验。他拿一个用锡箔覆盖的圆筒，使它水平旋转，再使一个和振动膜相连的针尖和锡箔接触，然后大声向振动膜讲话，针尖就在锡膜刻上了痕迹。他的装置是，在圆筒旋转时，使针尖逐渐稍稍旁偏，以便不重走老路。这是他5天5夜连续工作，绞尽脑汁，反复试验才制成的装置。

1877年8月15日，爱迪生让助手克瑞西按图样制出一台由大圆筒、曲柄、受话机和膜板组成的怪机器。爱迪生指着这台怪机器对助手说："这是一台会说话的机器"，他取出一张锡箔，卷在刻有螺旋槽纹的金属圆筒上，让针的一头轻擦着锡箔转动，另一头和受话机连接。爱迪生摇动曲柄，对着受话机唱起了"玛丽有只小羊羔，雪球儿似一身毛……"。唱完之后，将针又放回原处，轻悠悠地再摇动曲柄。接着，机器不紧不慢、一圈又一圈地转动着，唱起了

"玛丽有只小羊羔……"与刚才爱迪生唱得一模一样。在一旁的助手们，碰到一架会说话的机器，竟然惊讶得说不出话来。

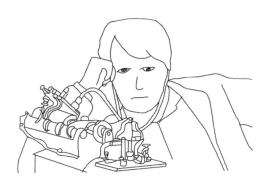

"这台怪机器为什么会说话呢？"克瑞西忍不住问道。

爱迪生指着机器，告诉大家原理："这台机器的金属筒横向固定在支架上，它的表面刻着纹路；它跟一个小曲柄相连；金属筒旁边是一个粗金属管，它的底膜中心有一根针头，正对着金属筒的槽纹。锡箔下面的金属筒上有槽纹，因此随着歌声的起伏，唱针在锡箔上刻出了深浅不同的槽纹。当唱针沿着波纹重复振动时，就发出了原来的声音。"

"原来是这么回事！"克瑞西点了点头表示认同。

"对了，还没有给它起名字呢。"不知是谁说道。

"就把它叫作'留声机'吧！"爱迪生想了想说。

爱迪生发明留声机的消息很快传开了。人们称赞这是"19世纪的奇迹"。1877年12月，爱迪生公开表演了留声机，外界舆论马上把他誉为"科学界的拿破仑·波拿巴"，这是19世纪最引人振奋的三大发明之一。

今天，把唱片的机械振动再变成空气振动的旧式留声机已无人使用了，代替的是把机械振动变成电信号，再和收音机结合起来的电唱机了。但是，爱迪生的这一重大发明值得世人永远纪念。

4.2.3　光通信的发明

近代光通信的出现比无线电通信还要早。波波夫发送与接收第一封无线电报是在1896年，而早在1880年，美国电话发明者贝尔就已经研究并成功地发送与接收了光电话。1881年，贝尔宣读了一篇题为"关于利用光线进行声音的产生与复制"的论文，报道了他的光电话装置。

导图

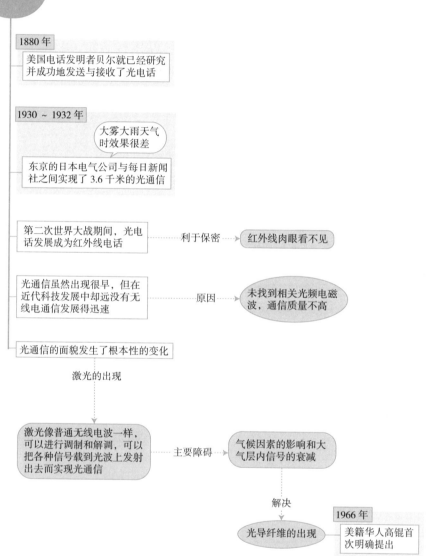

4.2.4 立体声的出现

1881年8月30日，克来门·阿代尔在德国获得了一项"改善剧场电话设备"的专利。阿代尔的发明是将两组麦克风置于剧场舞台的两边，声音便被分程送至戴着受话器的观众的耳中。这项发明在1881年举办的巴黎博览会上首次演示，在那里"播送"巴黎剧场舞台上的演出，获得了极大的成功。这是人们首次听到了立体声。大约与此同时，有一位叫奥恩佐格的发明家，在普鲁士王储的宫殿里也使用了跟阿代尔的发明类似的装置。

导 图

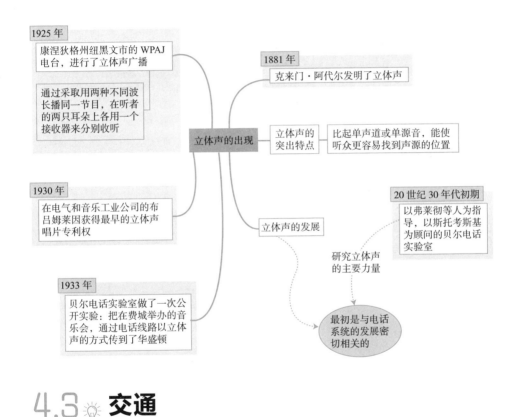

4.3 交通

4.3.1 摩托车的发明

摩托车是一种灵便快速的交通工具，也用于军事和体育竞赛。戴姆勒于1885年制造了第一辆摩托车。

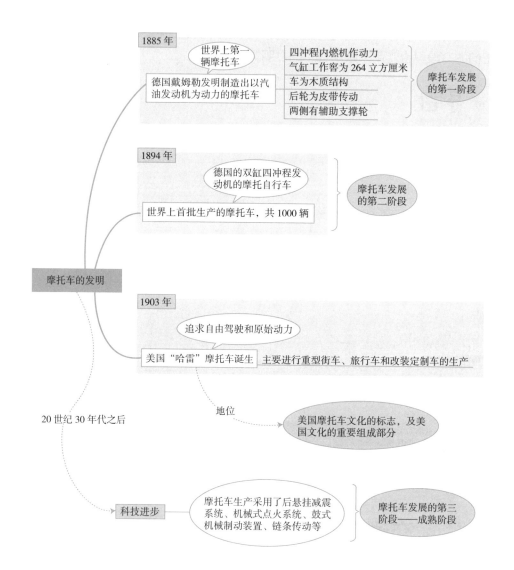

4.3.2　充气轮胎的发明

早期的自行车非常简陋，既没有坐垫，也没有链条和飞轮，更没有轮胎，只有车身和两个木头轮子。而木头轮子又用铁皮箍起来，在路上行驶时震动很大，这种自行车骑起来非常不舒服。后来，邓禄普经过多次试验，终于在1888年发明了实用的充气轮胎，自行车构造得到了改进，促使自行车成为人们普遍使用的交通工具。

导图

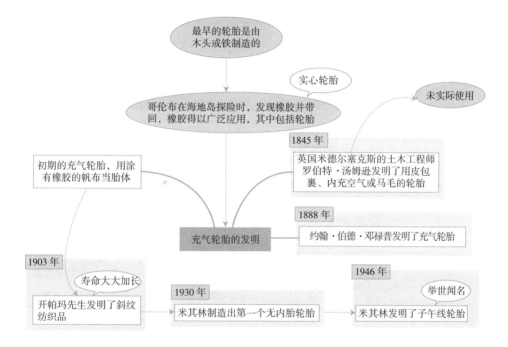

4.4　光电

4.4.1　电影摄影机的发明

电影的出现是人类文明史上的一次革命，对人类的感观世界产生了一次重大冲击。它使物质现实的空间形式得以重现，也标志着视觉文化艺术的诞生。1888年随着机械工业的发展，经过许多人的研究，第一架能够进行连续拍摄的照相机——电影摄影机终于制成了。

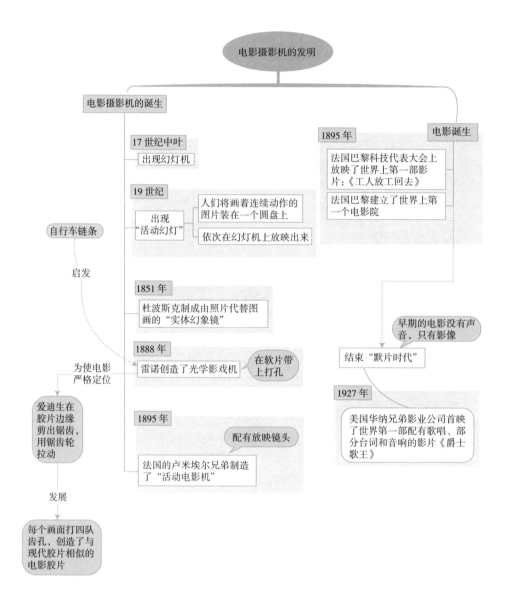

4.4.2 霓虹灯的发明

霓虹灯是城市的美容师，它拥有缤纷的色彩，每当夜幕降临，便将黑夜照

亮，让城市的夜晚变得炫彩瑰丽。时间追溯到1898年6月的一个夜晚，拉姆赛
和他的助手正在实验室里进行实验，目的是检查一种稀有气体是否导电。但有
趣的是，他们打开了霓虹世界的大门——发明了霓虹灯。

导图

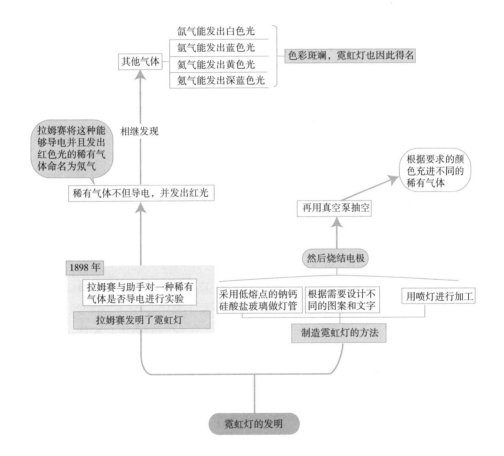

人物小史与趣事

威廉·拉姆赛（1852—1916），英国化学家，
惰性元素之父。

他与物理学家洛德·瑞利等合作，发现了六

威廉·拉姆赛

种惰性气体：氦、氖、氩、氪、氙、氡。由于发现了这些气态惰性元素，并确定了它们在元素周期表中的位置，他荣获了1904年的诺贝尔化学奖。

进入20世纪，周期表右侧只剩下一个区域有待发现。又是拉姆赛开辟了通往这一领地的道路。拉姆赛于1908年分离出放射性气体氡。

★好奇的天才科学家

1852年，英国中部苏格兰地区格拉斯哥市的一个普通家庭里，一位父亲正兴奋而不安地踱步，他正在等待婴儿的降生。随着一声响亮的啼哭，一个小生命来到了世界上，这个婴儿就是拉姆赛。日子一天天地过去，小拉姆赛渐渐长大，他的小脑袋里总是充满了各种各样的"为什么"。拉姆赛的父母经常被他的问题难住。一天，小拉姆赛坐在温暖的壁炉前读着他心爱的书籍。渐渐地，他的注意力转到跳动的炉火上。多么神奇的火：起先是小小的一点，闪着幽幽的蓝光，渐渐地变成橙红的一团，还在左右不停地摇摆，好像和着音乐跳舞的精灵。"来呀，一起来跳舞呀。"跳动的焰心仿佛正在邀请他。他看得出了神，忍不住用手去抓那活泼的火焰。"啊——"小拉姆赛急急地收回手，小手上留下红红的一道印，热辣辣的。"木头为什么会烧着呢？"小拉姆赛盯着手上的红印，"去问母亲。"拉姆赛的母亲这时候正在厨房里忙着准备一家人的晚餐。"母亲——"小拉姆赛冲进厨房，"为什么木头会烧着呢？火是烫的。"他高高举起那只被火舌舔过的手，还有热辣辣的感觉。"拉姆赛，怎么了？"母亲转身，一眼就看见了那受伤的小手，心疼地搂住了他，"小傻瓜，你怎么能用手抓火呢？疼不疼？""母亲，你还没有回答我木头为什么会烧着。"拉姆赛执拗地追问道。母亲笑了，用手轻轻地抚摸他的卷毛头，想了想，回答："因为有空气呀。""空气里有什么呢？为什么我们看不见也摸不着它呢？"他的问题像连珠炮似地蹦了出来。空气里有什么？妈妈被问住了。哎呀，这个小脑袋里的问题还真不少，怎么回答呢？

"去问父亲吧，妈妈还要准备晚餐。来，先在你的手上上点药……"话还没有说完，小拉姆赛三下两下跑出了厨房。壁炉边，坐着的是小拉姆赛的父亲，手里拿着当天的报纸。"父亲！"小拉姆赛冲上去抱住他，"空气里面有什么？火苗为什么是蓝的，火焰又是红的呢？"父亲放下手中的报纸，看着儿子——空气里有些什么呢？人们天天生活在空气中，似乎很少有人关心过空气里到底有什么，然而这个小小的孩子对此却表现出了极大的兴趣。如何向孩子解释如此复杂的化学问题呢？父亲掏出了烟斗，装上烟草，开始吸烟。"拉姆赛，空气里有各种各样的气体，呃……"气体，气体又是什么呢？小拉姆赛认真地看着父亲。"气体充满在我们的周围，没有颜色、没有味道也没有形状。空气里有我们呼吸需要的氧气，也有我们呼出的二氧化碳。知道天为什么会下雨吗？因为空气里有水蒸气。满意了吗？"父亲慈爱地看着小拉姆赛。氧气、二氧化碳、水蒸气，小拉姆赛暗暗地把这些陌生的化学名词记在心里。"父亲，空气里除了这些气体以外还有什么呢？"小拉姆赛紧追不舍地问。父亲弯下身子，认真地看着小拉姆赛说："孩子，空气里可能还有其他一些气体，但是还没有被科学家发现。拉姆赛，书本里可能会有你想要找到的答案。"

小拉姆赛看着父亲，心里暗暗决定长大了一定要做个科学家，要把空气里的气体一一辨认出来。小拉姆赛重新拿起放在一边的书，坐在父亲身边安静而专注地看起来，壁炉里的火焰仍然在欢快地跳动着，木柴发出细微的噼啪声。拉姆赛一直努力地学习，在进入中学以后他对化学这一门学科产生了浓厚的兴趣，也努力学习这一门课，童年时那个小小的问题仍然留在他心里。他已知道空气里不仅仅有氧气、二氧化碳和水蒸气，还有大量的氮气，少量的一氧化碳、氢气等。然而拉姆赛并不满足于这些课本上学到的，那不是答案的全部内容。

知识链接

惰性气体

惰性气体也叫稀有气体，是指元素周期表上的18族元素（IUPAC新规定，即原来的0族元素）。在常温常压下，它们都是无色无味的单原子气体，很难进行化学反应。

天然存在的稀有气体有六种，即氦（He）、氖（Ne）、氩（Ar）、氪（Kr）、氙（Xe）和具有放射性的氡（Rn）。

1870年，拉姆赛以优异的成绩从格拉斯哥大学毕业。小时候的问题推动着他献身于化学研究工作。他在做实验时仔细地去除了空气中那些人们已知的气体，剩下的只有一些非常不活泼的未知气体。它们是什么呢？拉姆赛并没有被困难所吓倒，而是更加努力地投入到实验工作中去了。终于，他成功地从那些不知名的气体中分离出了一种气体，他称这种气体为氩气。因为氩气很少和别的物质发生反应，因此人们把这种气体称为惰性气体。其他的科学家在拉姆赛的基础上发现了其他几种惰性气体，拉姆赛心里的疑问终于被他自己的发现解答了，因此拉姆赛获得了诺贝尔化学奖！

4.4.3　无线电广播的发明

在现代信息社会中，无线电广播技术起着极为重要的作用。而广播技术的发明过程是很复杂的，它是多种重要发明汇合起来形成的一个大型技术。据记载，在1906年的圣诞夜，美国的费森登进行了首次广播。许多地区，包括海上的船只都可清楚地收听到。

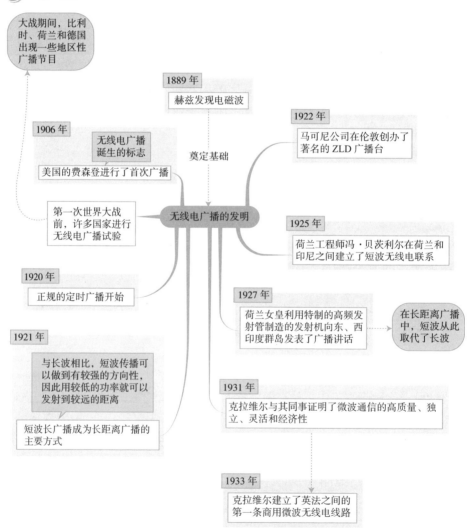

导图

大战期间，比利时、荷兰和德国出现一些地区性广播节目

1889 年
赫兹发现电磁波

1922 年
马可尼公司在伦敦创办了著名的 ZLD 广播台

1906 年
无线电广播诞生的标志
美国的费森登进行了首次广播

奠定基础

第一次世界大战前，许多国家进行无线电广播试验

无线电广播的发明

1925 年
荷兰工程师冯·贝茨利尔在荷兰和印尼之间建立了短波无线电联系

1920 年
正规的定时广播开始

1927 年
荷兰女皇利用特制的高频发射管制造的发射机向东、西印度群岛发表了广播讲话

在长距离广播中，短波从此取代了长波

1921 年
与长波相比，短波传播可以做到有较强的方向性，因此用较低的功率就可以发射到较远的距离
短波长广播成为长距离广播的主要方式

1931 年
克拉维尔与其同事证明了微波通信的高质量、独立、灵活和经济性

1933 年
克拉维尔建立了英法之间的第一条商用微波无线电线路

4.4.4　电视的发明

电视是一种传播图像的电子技术，在100多年的发展过程中，大致经历了设想阶段、机械扫描阶段、电子扫描阶段和第二次大战后的发展阶段。通常把1925年10月2日苏格兰人约翰·洛吉·贝尔德在伦敦的一次实验中"扫描"出木偶的图像看作是电视诞生的标志，他被称作"电视之父"。但是，这种看法是有争议的。因为，也是在那一年，俄罗斯人斯福罗金在西屋公司（Westinghouse）向他的老板展示了他的电视系统。

导图

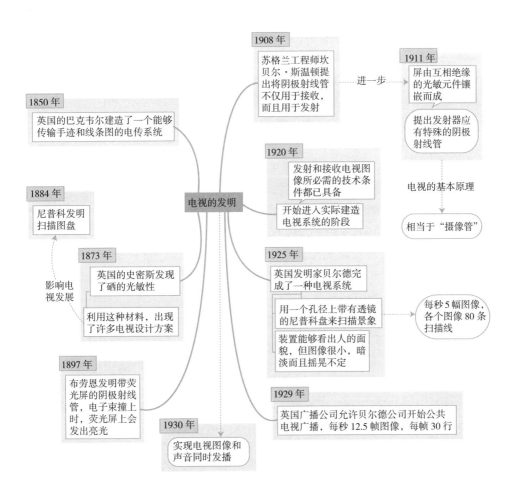

人物小史与趣事

贝尔德

约翰·洛吉·贝尔德（1888—1946），英国科学家。1925年10月2日，他制造出第一台能传输图像的机械式电视机，这就是电视机的雏形。贝尔德是主张以机械扫描方法研制电视机的代表。1928年开发出第一台彩色电视机，1930年他的系统开始有声电视节目试播，让人们身临其境，使"秀才不出门，能知天下事"的古老寓言成为现实。因此，贝尔德被称为"电视之父"。

★疯狂的"电视之父"

富兰克林·罗斯福成为第一个出现在电视屏幕上的美国总统，这标志着电视和电视新闻出现在社会生活的中央。美国无线电公司是美国全国广播公司的母公司，其老板戴维·沙诺夫称电视这项发明是"一门新的艺术，它的意义非同凡响，必将影响整个社会的历史进程"。

贝尔德是个执着而认真的人，他曾经为了得到清晰的图像，加大电流电压到2000伏，自己却不小心碰到了连接线，差点触电身亡。他不断完善并展示自己的发明。转机发生在1926年1月27日，一群穿着晚礼服的男女宾客聚集在伦敦市中心一座顶楼的房间。贝尔德在自己的回忆录里写道："大约有40多位科学家到场，他们

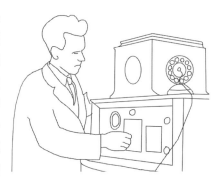

大多数人都是非常有名的科学家，同时还有几位女士出席。他们需要爬三层楼梯，然后被分成6人一组，进入我在顶楼的两个小实验室。在其中的一间实验室中，有一个大大的飞碟在旋转，看上去非常危险，随时都可能爆炸。如果爆炸的话，玻璃碎片就会满屋子飞，就像玻璃雨一样。当然，可怕的事情并没有发生，一切都进行得非常顺利，除了一个小小的事故之外。"小小的事故指的是一位接受实验的客人，长长的白胡须被绞到机器里去了。

这场在英国皇家学院科学家们面前展示的新型的、可以通过无线电传递活动图像的机器，被贝尔德称为"电视"。20世纪最具影响的大众传播媒介就这样诞生了。

1934年英国政府决定建立电视服务，这是世界上最早的电视服务。1936年，英国BBC开始利用贝尔德的机械电视系统和另一家公司的电子电视系统广播节目。遗憾的是，在图像质量的竞争当中，贝尔德失败了。

贝尔德继续开发他的电视技术，1944年他展示了第一台电子彩色电视机，两年后病逝。就在他去世前一年，因为第二次世界大战而压抑许久的电视热潮快速升温。1945年，美国NBC、ABC、CBS三大广播公司开始力推电视。至此，电视时代来临了。

4.4.5 复印机的发明

我们通常所说的复印机是指静电复印机，它是一种利用静电技术进行文书复制的设备。第一台复印机由美国人切斯特·卡尔森发明。1938年10月22日，切斯特·卡尔森终于成功，得到了近乎完美的复印图像"10-22-38 ASTORIA"。

导 图

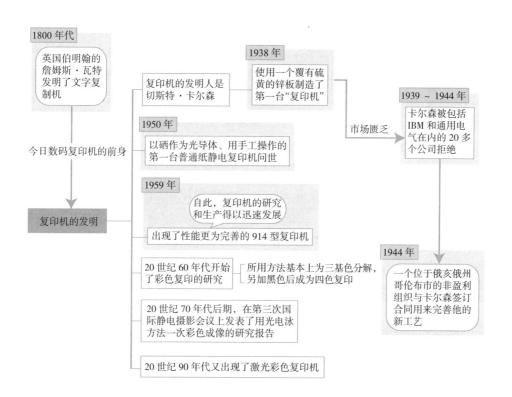

人物小史与趣事

卡尔森

切斯特·卡尔森工程师，发明家，复印机的发明者。

卡尔森1906年出生于西雅图，1938年10月22日制出了第一台复印机，并完成了第一张复印图片。卡尔森为自己的发明申请了专利，专利号是2297691。1949年，卡尔森所在的哈罗依德公司生产出了静电复印机。哈罗依德公司就是今天以复印机而闻名世界的施乐公司的前身。施乐公司的英文名Xerox正是静电复印Xerography中开始的几个字母。

★提高办公效率的发明

复印机是当今办公智能化的标志，只要将文件在复印机上滚一下，几秒钟就能够得到与原件一模一样的复印件。然而这个实用机器是谁发明的呢？其原理又是什么呢？

复印机主要的部件是硒鼓。鼓上涂抹的硒能够在黑暗中留住电荷，一遇光又能放走电荷。将要复印的字迹、符号、图表等通过光照到硒鼓上，就能够将这些内容"写"在硒鼓上。受光照而又无字的部分放走电荷，有字的部分留住了正电荷。设法让带负电的墨粉吸到硒鼓的有字部分上。硒鼓转动时，让带正电的白纸通过，墨粉吸到纸上，经过高温或红外线照射，让它熔化，渗入纸中。这样便形成牢固、耐久的字迹或图表了。

切斯特·卡尔森是复印机的发明人。卡尔森小时候家境贫寒，其父因患关节炎成为残疾人，母亲是位家庭主妇，在卡尔森17岁时死于结核病。小小年纪的卡尔森对发明一往情深。他在步行外出时手里经常拿着一个小本，记录那些随时萌生的新创意。卡尔森12岁时，对他的一位堂兄罗伊说："总会有一天，我将做出最伟大的发明。"

一个人光有伟大的抱负远远不够，还必须有扎实的自然科学的基础知识，另外还要有人扶持、指点。卡尔森的舅舅是位学校校长，他目光远大，坚持让小卡尔森上学。卡尔森从加州理工学院物理系毕业之后，正值美国大萧条的中期（20世纪20年代），他发出了82份找工作的申请信，最后，总算在纽约一家电子公司的专利部门找到了一个固定的工作。其实，卡尔森的发明与其专利部门的工作密不可分。正是他在工作中发现，那一份份专利要不断地用手工复制，他相信最终会有更好的、可以代替脏兮兮的复写纸或油印机的方法。尽管他发明的原始复印机设计方案花了21年才变成可用的纸复印机。但复印机最终改变了世界，它大大提高了办公效率。

经过不断地钻研，卡尔森认识到使用光敏感材料能将图像印在纸上。1938年10月22日，在阿斯托里亚的实验室里，卡尔森取出一块光导锌板，并用手帕摩擦它，以产生正电荷。再将一个印有"10-22-38"字样的玻璃显微片置于上部的墨水中，并将光导锌板用灯泡曝光。被墨水屏蔽的部分保持其电荷，吸引在顶部喷洒的带负电粉末。

卡尔森在早期演示他的发明时，是利用香烟盒所携带的材料来完成的，所以并未引起人们的兴趣，有20多家公司拒绝了卡尔森的发明。这时候就需要一位有远见的企业家，慧眼识珠地鉴别出卡尔森发明的价值。当时，哈罗依德公司的首席执行官威尔逊便扮演了这一伯乐角色。为了同伊斯曼·柯达公司竞争，威尔逊于1947年决定研发并采用卡尔森发明的复印机，这一研发工作又花了13年才在调色剂、透镜和其他部件研发中产生突破。

1960年3月，哈罗依德公司正式推出900公斤重的914型复印机。之后，所有的复印机都采用了卡尔森的发明专利。20世纪70年代末，施乐公司在未理会侵犯卡尔森专利的情况下，又研制出新型复印机。经过几代人的努力，复印机又进入了一个全新的时代。现代最新科学技术成果在复印机上得到应用。集成电路板块代替了复杂的晶体管线路；激光技术使复印更清晰精细；现代摄影、化学的最新技术使复印发展到几乎完美的地步。

20世纪80年代出现了全色复印机，复印出的图画与美丽的彩色照片无异。复印机已不仅仅是办公用具，它在生产建设、科学研究中均发挥了越来越大的作用。它改变了人类的工作和生活。

我们在当今生活、工作中已经离不开复印机这个工具。这毫无疑问地要归功于它的发明者切斯特·卡尔森。尽管卡尔森靠着这项发明成了百万富翁，但他却一生节俭，默默无闻地度过了自己的余生。

4.5 ☀ 军事与航空航天

4.5.1 飞机的诞生

飞机的发明是20世纪最重要、最伟大的科学技术成就之一，它不仅圆了人类的飞天梦，还开启了伟大的航空运输时代。1903年，一架装有9千瓦内燃发动机的轻型螺旋桨式飞机在莱特兄弟的精心研制下诞生，这架飞机航行了1分钟，飞行距离为255米。人类历史上首次载人动力飞行的完成，标志着机械航空时代帷幕的开启。

导图

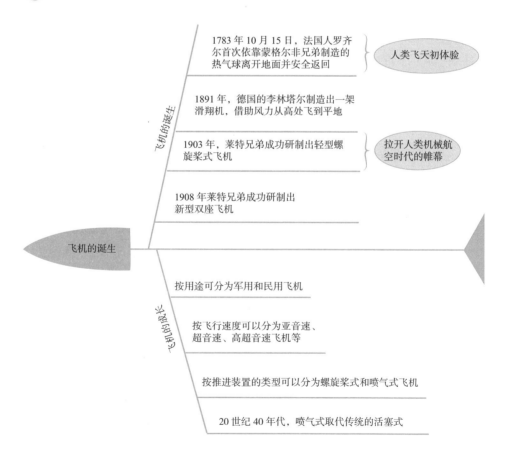

人物小史与趣事

莱特兄弟

莱特兄弟是奥维尔·莱特（1871—1948）和威尔伯·莱特（1867—1912）这两位美国人，他们是美国航空先驱，飞机的发明者。

1903年12月17日，他们首次制作了完全受控、附机载外动力、机身比空气密度大、持续滞空不落地的飞机，也就是世界上第一架飞机。

莱特兄弟首创了让固定翼飞机能受控飞行的飞行控制系统，从而为飞机的实用化奠定了基础，此项技术至今仍被应用在所有的固定翼航空器。

★ 飞机诞生记

某个寒冷的冬日，在美国北卡罗来纳州基蒂霍克的一片荒沙丘上，浓重的冬云将整个天空遮蔽得严严实实。莱特兄弟两个人天不亮就起床，围着"飞行者"号忙碌起来，因为这天是他们的杰作——"飞行者"号当众试飞的日子。而在此之前，莱特兄弟已经在许多公共场所贴出了试飞预告。此时他们正热切地期待观众们的到来。遗憾的是，观众屈指可数，人们对兄弟俩的举动还是难以相信。

试飞时间到了，莱特兄弟坐上飞机开始发动，"飞行者"号徐徐离开了沙丘。1米、2米、3米……"飞行者"号在12秒内飞行了约35米。"飞行者"号成功飞起，并安全着陆。沙丘上的观众和莱特兄弟高兴地欢呼、雀跃。虽然这次试飞时间很短，飞行距离很近，但"飞行者"号用事实打破

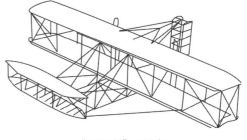

"飞行者"号飞机

了"比空气密度大的机器不能够飞行"的断言，开辟了人类航空科学技术的新纪元！

4.5.2　水翼艇的发明

人们为了提高船、艇的速度采取了一种新的设计，发明了水翼艇。第一艘水翼艇由意大利发明家弗拉尼尼建造，并于1905年在瑞士的马奇奥湖进行了试验。

导图

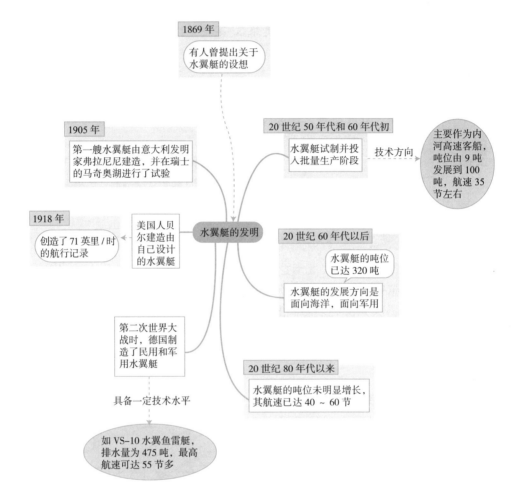

4.5.3 声呐的发明

声呐是利用超声波在水中的传播和反射来进行导航和测距的技术设备。最初推动声呐研制的原动力并不是来自海洋考察的需要，而是来自海战的需要。声呐技术至今已有超过100年的历史，1906年由英国海军的刘易斯·尼克森发明。第一次世界大战时被应用到战场上，用以侦测潜藏在水底的潜水艇，这些声呐只能被动听音，属于被动声呐，或者叫作"水听器"。

导 图

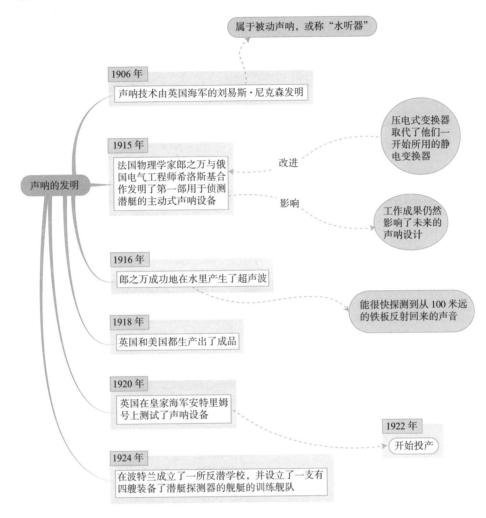

属于被动声呐，或称"水听器"

1906 年
声呐技术由英国海军的刘易斯·尼克森发明

1915 年
法国物理学家郎之万与俄国电气工程师希洛斯基合作发明了第一部用于侦测潜艇的主动式声呐设备

声呐的发明

改进 —— 压电式变换器取代了他们一开始所用的静电变换器

影响 —— 工作成果仍然影响了未来的声呐设计

1916 年
郎之万成功地在水里产生了超声波

能很快探测到从 100 米远的铁板反射回来的声音

1918 年
英国和美国都生产出了成品

1920 年
英国在皇家海军安特里姆号上测试了声呐设备

1922 年
开始投产

1924 年
在波特兰成立了一所反潜学校，并设立了一支有四艘装备了潜艇探测器的舰艇的训练舰队

4.5.4 直升机的问世

早在15世纪，意大利著名绘画大师达·芬奇就绘制出了类似于直升机的设计草图。达·芬奇认为，人们完全能够设计出像鸟翅膀一样，挥动起来便可以飞行的飞行器。经过细致的思考，达·芬奇设计出了一种带有螺旋形螺旋桨的直升机，但这一设想始终停留在纸面上，并没有付诸实践。1907年11月13日，由科努研制的双旋翼直升机在利休斯附近进行升空表演，在没有外力帮助下首次取得了成功。

导图

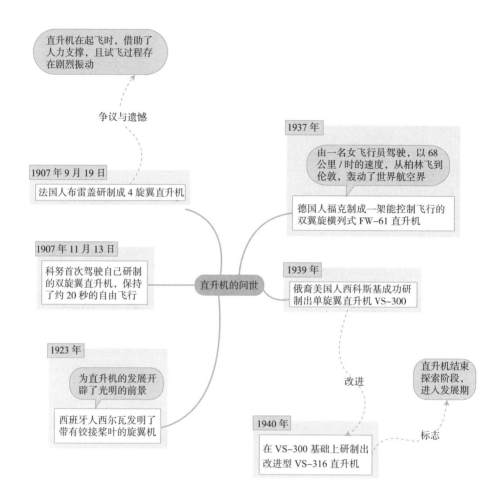

直升机在起飞时，借助了人力支撑，且试飞过程存在剧烈振动

争议与遗憾

1907 年 9 月 19 日
法国人布雷盖研制成 4 旋翼直升机

1937 年
由一名女飞行员驾驶，以 68 公里 / 时的速度，从柏林飞到伦敦，轰动了世界航空界

德国人福克制成一架能控制飞行的双翼旋横列式 FW-61 直升机

1907 年 11 月 13 日
科努首次驾驶自己研制的双旋翼直升机，保持了约 20 秒的自由飞行

直升机的问世

1939 年
俄裔美国人西科斯基成功研制出单旋翼直升机 VS-300

改进

直升机结束探索阶段，进入发展期

1923 年
为直升机的发展开辟了光明的前景

西班牙人西尔瓦发明了带有铰接桨叶的旋翼机

1940 年
在 VS-300 基础上研制出改进型 VS-316 直升机

标志

人物小史与趣事

★试图冲顶直升机山峰的发明家们

在莱特兄弟发明飞机前的蒙昧时代，曾有人尝试用旋翼升空，达·芬奇就是其中的一位。那些实践者们，先后制造了手摇式、脚踏式的各种旋翼机器。当然，今天我们知道，这种微弱的动力是无法升空的。在发动机发明之前，人类无法以足够的动力升空。莱特兄弟的首飞成功如同一声号角，向世界

宣布：发动机已经成熟到足够驱动一架飞行器。直升机的研发由此进入了第一次热潮。1906年这一年前后，至少有四位发明家同时试图冲顶直升机的山峰。这其中包括后来的"直升机之父"伊戈尔·西科斯基、"欧洲飞机之父"杜蒙、法国最伟大的战斗机设计师布雷盖。但此时此刻，最接近发明直升机的是法国工程师保罗·科努。1907年，科努完成了一架带有两个螺旋桨、酷似当代无人机的飞行器。

这一年11月，科努的飞机成功飞离地面0.3米，持续20秒。科努的飞行算是成功了吗？就算成功，这架飞行器能算是直升机吗？但无论如何，至少在西欧范围内，公认科努是第一个发明直升机的人。此后，长期没有人能够在直升机领域取得进展。而同一时期，飞机却突飞猛进。第一次世界大战时期，甚至已经可以胜任空战，而直升机却仍然止步不前。

伊戈尔·西科斯基，俄裔美军工程师，他也曾经在1906年制造过一架直升机，比科努的更"像"当代直升机，但试飞失败了。这次失败之后，他转向飞机领域，先后发明了双发飞机、重型轰炸机，设计多款水上飞机，证明自己是一位旷世的飞机发明天才。积累了一定的经验，确保了资金后，1936年，他重拾梦想，又开始钻研直升机。

他最开始设计的直升机在离地的一瞬间，驾驶舱而不是旋翼开始疯狂旋转，结果坠毁。经过3年的反复试验，他创造性地在机舱尾部加了一个尾翼螺旋桨。尾桨产生一个反方向力，刚好抵消了驾驶舱的旋转力。这一天才的发明被视为直升机发展史上最重要的里程碑。

1939年9月14日，西科斯基进入座舱，轻松地把一架直升机升到空中，离地面二三米，平稳地悬停了10秒钟之久，然后轻巧地降落回地面。这在航空史上是崭新的一章。他成功地让世界上第一架真正的直升机"VS-300"升空了。VS-300操纵灵活，可以完成悬停，当时其他任何飞机都无法做到这样高难度的动作。

1939年，直升机来到这个世界。这是现代直升机的开端。从梦想起飞，让技术实现。直升机的发明没有浪漫的故事，但它却验证了现代工业体系的强大研发能力。今天，直升机有了巨大的改进，但其基本结构还是和西科斯基时代一模一样。

4.5.5　坦克的发明

坦克是具有强大直射火力、高度越野机动性和坚强装甲防护能力的履带式装甲战斗车辆。1915年7月，第一辆坦克样车问世，它是由英国的富斯特公司制造的，取名"小游民"，9月6日在林肯郡附近首次试车获得成功。

导图

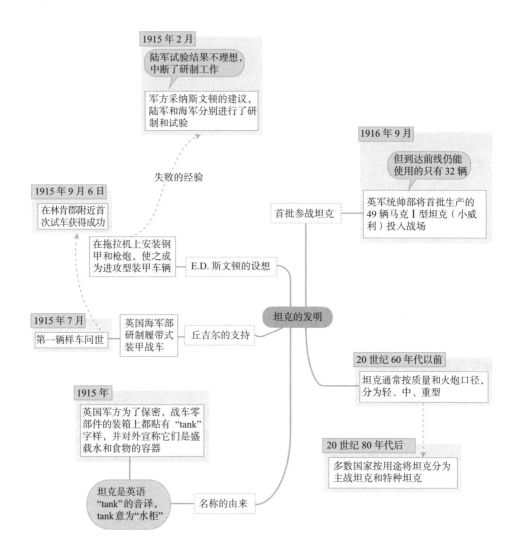

4.5.6　航空母舰的出现

　　航空母舰是一种威力强大的舰种，是海军控制大面积海域的主要机动兵力。1917年6月，英国将一艘巡洋舰改装为世界上最早的航空母舰"暴怒"号。自此，航空母舰逐步完善，已经走过了100多年的发展历程。

导图

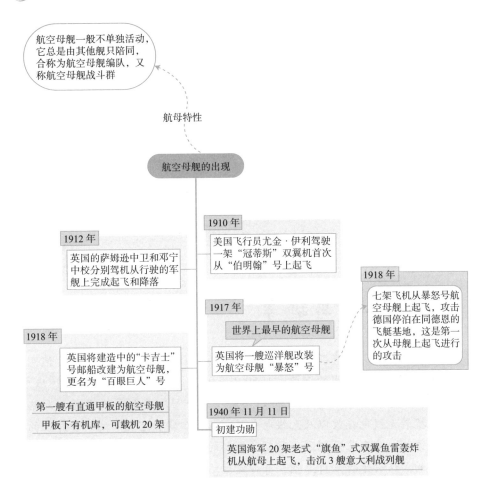

航空母舰一般不单独活动，它总是由其他舰只陪同，合称为航空母舰编队，又称航空母舰战斗群

航母特性

航空母舰的出现

1910 年
美国飞行员尤金·伊利驾驶一架"冠蒂斯"双翼机首次从"伯明翰"号上起飞

1912 年
英国的萨姆逊中卫和邓宁中校分别驾机从行驶的军舰上完成起飞和降落

1918 年
七架飞机从暴怒号航空母舰上起飞，攻击德国停泊在同德恩的飞艇基地，这是第一次从母舰上起飞进行的攻击

1917 年
世界上最早的航空母舰
英国将一艘巡洋舰改装为航空母舰"暴怒"号

1918 年
英国将建造中的"卡吉士"号邮船改建为航空母舰，更名为"百眼巨人"号
第一艘有直通甲板的航空母舰
甲板下有机库，可载机 20 架

1940 年 11 月 11 日
初建功勋
英国海军 20 架老式"旗鱼"式双翼鱼雷轰炸机从航母上起飞，击沉 3 艘意大利战列舰

4.5.7　射电望远镜的发明

射电望远镜的发明应当归功于美国物理学家詹斯基和一位天文爱好者雷伯。1931 年，詹斯基发现，有一种每隔 23 小时 56 分 04 秒出现最大值的无线电干扰。经过分析后，他在 1932 年发表的文章中断言：这是来自银河系的射电辐射。美国一位天文爱好者雷伯得知詹斯基的发现后，做出了一个直径为 31 英尺的抛物面天线，证明宇宙射频辐射源不是像詹斯基认为的那样在银河系的中心，并且证明射频辐射沿银河系的平面进行。这样，一门新的科学——射电天文学就诞生了。

导图

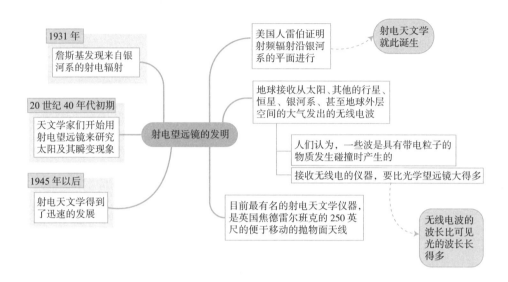

1931 年
詹斯基发现来自银河系的射电辐射

20 世纪 40 年代初期
天文学家们开始用射电望远镜来研究太阳及其瞬变现象

1945 年以后
射电天文学得到了迅速的发展

射电望远镜的发明

美国人雷伯证明射频辐射沿银河系的平面进行

射电天文学就此诞生

地球接收从太阳、其他的行星、恒星、银河系、甚至地球外层空间的大气发出的无线电波

人们认为，一些波是具有带电粒子的物质发生碰撞时产生的

接收无线电的仪器，要比光学望远镜大得多

目前最有名的射电天文学仪器，是英国焦德雷尔班克的 250 英尺的便于移动的抛物面天线

无线电波的波长比可见光的波长长得多

人物小史与趣事

 詹斯基

詹斯基，无线电工程师。1905 年 10 月 22 日生于俄克拉荷马州的诺曼，1950 年 2 月 14 日卒于新泽西州的雷德班克。

1938 年，他在贝尔实验室着手解决天电干扰问题，天电噪声长期干扰着无线电接收以及无线电电话，如贝尔实验室发明的用于岸上的船舶通话的电话。詹斯基探测到一种新的微弱的天电干扰，开始他还弄不清它是如何产生的。这种干扰来自上空，并稳定地运动。詹斯基观察到它似乎是随着太阳运动，而比太阳每天略快 4 分钟，星系运动正是比太阳快这么多。因此干扰源必定在太阳系之外。1932 年春詹斯基已确定了干扰源在人马星座方向。沙普利和奥尔特判断出银河系的中心就在这个方向上。他在 1932 年 12 月公布了他的发现，这标志着射电天文学的诞生。

 雷伯

雷伯，美国无线电工程师。

1911 年 12 月 22 日生于伊利诺伊州惠顿。

1937 年，建成了第一台射电望远镜。接收无线电波的反射面直径达 31 英尺。

1938 年，他开始接收射电波，并在几年里是世界上独一无二的射电天文学家。

1947 年，雷伯把他的射电望远镜给了美国国家标准局。

4.5.8 鱼群探测器的发明

鱼群探测器能够在茫茫大海中敏捷而准确地发现和跟踪鱼群，人们可以依靠它来撒网捕捞。1926年，一艘法国轮船在纽芬兰航海时，偶然发现船上用来探测海深的回声探测仪上，接收到了一种异常的信号，这种信号多次地出现。这种信号是由一群鳕鱼反射出来的回声信号。1934年，有人将用于导航的电子音响探测仪用于侦察鱼群。到20世纪40年代，出现了探鱼仪。

导图

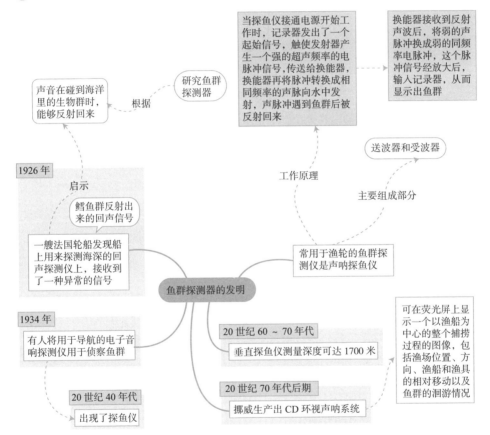

4.5.9 无人机的发明

无人机是指机上没有驾驶员，其飞行状态、路线可以控制，并在大气层中航行的一类飞行器。其外形与有人驾驶飞机很相似。其历史可追溯至1934年，英国海军首先使用无人机作靶机。

导图

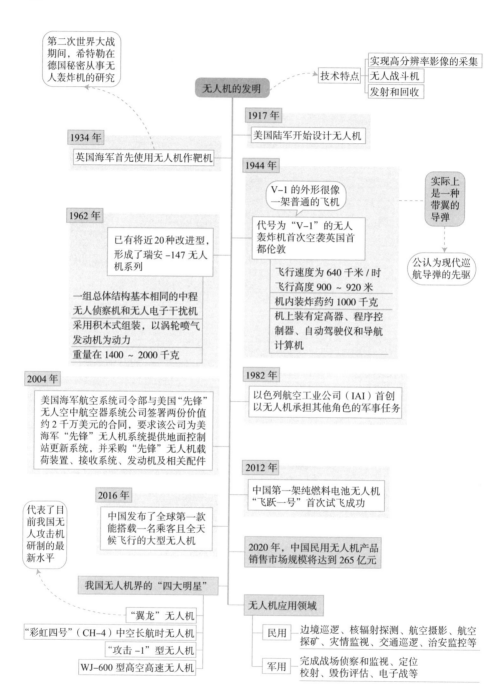

无人机的发明

技术特点
- 实现高分辨率影像的采集
- 无人战斗机
- 发射和回收

第二次世界大战期间，希特勒在德国秘密从事无人轰炸机的研究

1917 年
美国陆军开始设计无人机

1934 年
英国海军首先使用无人机作靶机

1944 年

V-1 的外形很像一架普通的飞机

代号为"V-1"的无人轰炸机首次空袭英国首都伦敦

飞行速度为 640 千米 / 时
飞行高度 900 ~ 920 米
机内装炸药约 1000 千克
机上装有定高器、程序控制器、自动驾驶仪和导航计算机

实际上是一种带翼的导弹

公认为现代巡航导弹的先驱

1962 年
已有将近 20 种改进型，形成了瑞安 -147 无人机系列

一组总体结构基本相同的中程无人侦察机和无人电子干扰机
采用积木式组装，以涡轮喷气发动机为动力
重量在 1400 ~ 2000 千克

1982 年
以色列航空工业公司（IAI）首创以无人机承担其他角色的军事任务

2004 年
美国海军航空系统司令部与美国"先锋"无人空中航空器系统公司签署两份价值约 2 千万美元的合同，要求该公司为美海军"先锋"无人机系统提供地面控制站更新系统，并采购"先锋"无人机载荷装置、接收系统、发动机及相关配件

2012 年
中国第一架纯燃料电池无人机"飞跃一号"首次试飞成功

2016 年
中国发布了全球第一款能搭载一名乘客且全天候飞行的大型无人机

2020 年，中国民用无人机产品销售市场规模将达到 265 亿元

代表了目前我国无人攻击机研制的最新水平

我国无人机界的"四大明星"

无人机应用领域

"翼龙"无人机
"彩虹四号"（CH-4）中空长航时无人机
"攻击 -1"型无人机
WJ-600 型高空高速无人机

民用　边境巡逻、核辐射探测、航空摄影、航空探矿、灾情监视、交通巡逻、治安监控等

军用　完成战场侦察和监视、定位校射、毁伤评估、电子战等

4.6 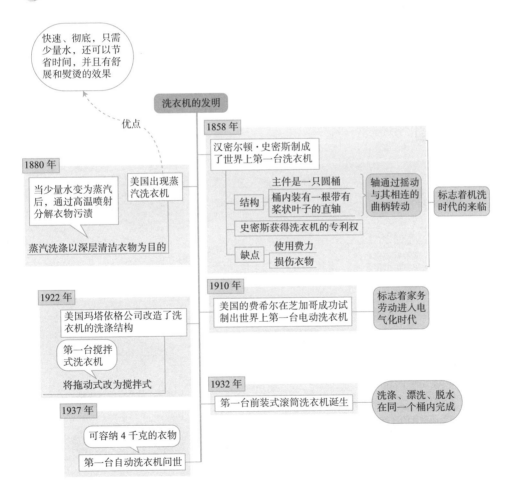 生活

4.6.1　洗衣机的发明

洗衣机可谓是"手洗时代"的终结者，而这项实用的发明出自一个名叫汉密尔顿·史密斯的美国人。1858年，汉密尔顿·史密斯制成了世界上第一台洗衣机。

导图

快速、彻底，只需少量水，还可以节省时间，并且有舒展和熨烫的效果

洗衣机的发明

优点

1858年

汉密尔顿·史密斯制成了世界上第一台洗衣机

1880年

当少量水变为蒸汽后，通过高温喷射分解衣物污渍

美国出现蒸汽洗衣机

蒸汽洗涤以深层清洁衣物为目的

结构

主件是一只圆桶

桶内装有一根带有桨状叶子的直轴

轴通过摇动与其相连的曲柄转动

标志着机洗时代的来临

史密斯获得洗衣机的专利权

缺点

使用费力

损伤衣物

1922年

美国玛塔依格公司改造了洗衣机的洗涤结构

第一台搅拌式洗衣机

将拖动式改为搅拌式

1910年

美国的费希尔在芝加哥成功试制出世界上第一台电动洗衣机

标志着家务劳动进入电气化时代

1932年

第一台前装式滚筒洗衣机诞生

洗涤、漂洗、脱水在同一个桶内完成

1937年

可容纳4千克的衣物

第一台自动洗衣机问世

人物小史与趣事

史密斯

汉密尔顿·史密斯，洗衣机的发明者。

1858年，汉密尔顿·史密斯在美国的匹茨堡制成了世界上第一台洗衣机。该洗衣机的主件是一只圆桶，桶内装有一根带有桨状叶子的直轴。轴是通过摇动和它相连的曲柄转动的。同年史密斯取得了这台洗衣机的专利权。

4.6.2　电冰箱的发明

对于现代家庭来说，电冰箱是不可缺少的。有了它，才能在炎热的夏天保持食品的新鲜，才能造出各种清凉的饮料。而这一便利的家电，出自林德的反复试验，他在1873年成功发明了冷冻机。

导图

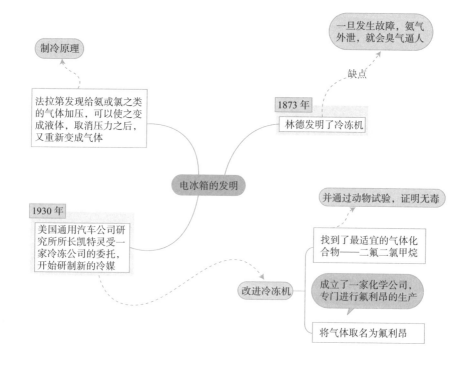

人物小史与趣事

林德（1842—1934），德国制冷工程师，低温实验学家，发明了人类历史上第一台冷冻机，制冷科学的奠基人。

林德是巴伐利亚科学院和维也纳科学院院士，1897年被封为贵族。

4.6.3　电灯的发明

全世界的电灯同时关闭，将会是一种什么样的景象呢？对于今天早已经习惯了明亮的夜晚的人们，这简直是个荒唐而又可笑的想法！然而，在1931年10月18日，把全世界的电灯同时关闭一分钟的建议，却是一项严肃的提案。因为，人们要用这种形式来纪念被誉为"世界发明大王"的托马斯·阿尔瓦·爱迪生。

导图

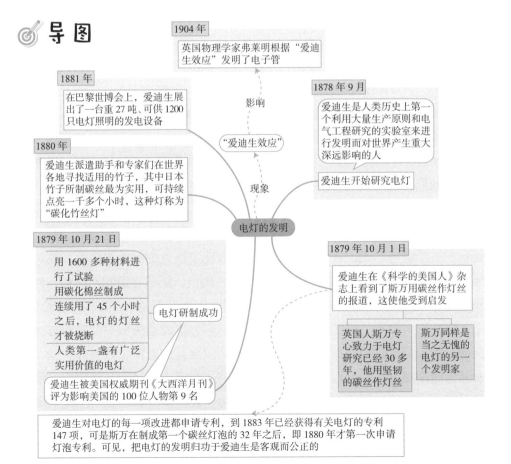

人物小史与趣事

★让光明走进千家万户

早在19世纪初期，就有人曾探索用电进行照明。在此后的几十年间，许多科学家前仆后继，为这方面的科学研究做出了杰出的贡献，但一直没能研制出适用于普通家庭的电灯。

1869年，爱迪生刚到纽约时曾对着大街上刺眼的电弧灯发呆。1878年他仔细研究过电弧灯后，宣称他将发明一种柔和的、价廉的、可供选择的灯。当时普遍使用电弧灯照明，但其耗电惊人，每一盏电弧灯都需要配备一台发电机；而且灯光十分刺眼，打火后还会散发出呛人的气味和黑烟，不能用于室内照明。那时人们在屋里仍用蜡烛或煤气灯，灯光十分昏暗。

爱迪生开始研究白炽灯。他首先收集有关照明的各种材料，由油灯、蜡烛到煤气灯，以及其他科学家的研究成果。他先后摘录的笔记就达40000多页。1873年，俄国罗德金研制出一种碳条作灯丝并装入密闭的玻璃泡中的白炽灯，但其使用寿命极短。罗德金为研究白炽灯破了产，使许多人对此项研究望而却步，但爱迪生却并不放弃，经过反复比较，他越发觉得白炽灯是正确的设想。因为它成本低，耗电少，只要解决寿命问题，就最有可能成功。他在笔记本中写到："电弧灯太刺眼，我们需要的是小型电灯，并且它能够像煤气灯一样，装置在千家万户。"之后，门罗公园的爱迪生研究团队投入到一场新的战斗。他们首先遇到的难题是：不知用哪一种材料作灯丝才能够延长灯泡的寿命。

爱迪生他们在一无所知的情况下不得不采用最笨拙的研究方法，对于不同材质不断进行试验。在这期间，爱迪生表现了极大的耐心与毅力，先后试验了1600多种材料。从各种金属，到木头、树枝、稻草等植物性材料，还有马鬃、猪毛等动物性材料，凡是能够想到的东西，爱迪生都找来试验。当然，这方法太盲目，又要耗费大量时间与材料，可爱迪生似乎从未有过一丝厌倦。他始终保持着高昂的热情！有一次用白金丝作材料，效果好一些，可爱迪生随即想到成本问题，太过昂贵。此间，很多人已经失去了耐心。经费日益减少，时间一天天流逝，仍然毫无头绪，连许多专家也觉得这是条走不通的路。期待成功的新闻记者们也早已失去耐性，竟用嘲弄的口吻在报纸上写道："伟大发明家爱迪生先生研制电灯的宏愿已成泡影。"就像对待荣誉一样，爱迪生对这些嘲讽同样毫不在意。他总是指指自己耳朵，表示听不见。但舆论压力越来越大，甚至有一个专家发誓，要是爱迪生能研制出亮上20小时的电灯，有多少他就买多少。

有一天，曾在林伦港教爱迪生电报技术的麦肯基站长走进了爱迪生的实验室。爱迪生在研究实验室建立之后，就请麦肯基站长来工作，实际上是为了报答他的恩情，请来养老的。麦肯基来是心疼爱迪生，想让他休息一会儿。可没想到爱迪生一看见他，就愣住了。麦肯基忽然明白过来，知道爱迪生看中了他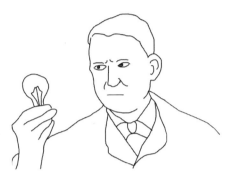的红胡子，立刻就剪下一撮来。爱迪生从中挑了几根粗一些的，先进行炭化处理，然后装进灯泡里，两人聚精会神地注视着，可惜，又失败了。麦肯基马上说，再试试头发吧。爱迪生摇摇头，头发、胡子是一样的。他深情地注视了一下这位"老师"，突然眼睛又一亮，立刻对助手喊道：快找棉线来。麦肯基立刻撕开了身上的棉外套，扯下一大截棉线递了过去。爱迪生激动得双手打颤，而其他人也兴奋起来，仿佛看到了成功在向他们招手，大家都感觉到这次他的直觉非同一般。爱迪生先把棉线放进U形密闭坩埚里，再放入火炉里高温处理。等棉线炭化以后，让它冷却，然后用镊子夹出来。大家目不转睛地看着他操作。炭化后的棉线又细又脆，加上爱迪生过于紧张，几次都夹断了。实验一直持续了3天，第3天的傍晚，终于把炭化的棉丝装进灯泡，并抽出了灯泡中的空气，封上了口。爱迪生接通了电流，顿时明亮而金黄的光芒照耀了房间，光线柔和，大家欢呼了起来，这是他们日夜盼望的时刻，他们忘记了13个月的艰辛与疲劳，一直守在这盏电灯旁，看着时钟一分一秒走过。在连续45个小时后，这盏灯的灯丝才烧断，这是人类第一盏具备实用价值的电灯。而1879年10月21日，这盏电灯点亮的一瞬间，被作为电灯发明日永远载入史册。这件事又一次造成了轰动，门罗公园又变得门庭若市。当地人将电灯称作"烧红了的发夹"，并且表示怎么也不明白这小红丝是如何被装入玻璃泡中去的。许多人争先恐后地来目睹电灯的"燃烧"，甚至还有人"趁火打劫"。第一天参观结束，爱迪生的研究实验室里就丢失了

13个电灯样品。

爱迪生为了扩大电灯的影响力，在公园里装饰了一串串电灯，夜晚时一片辉煌，更加引人注目，他本人也再次成为新闻热点，又一次好评如潮。而那位声称要收购所有电灯的专家却不见踪影了。爱迪生仍对电灯的寿命感到不满意，又开始了新一轮的试验，这样又过了两个春秋，爱迪生和助手们试验了世界各地6000多种植物的纤维，最后发现日本的竹子比较理想，便派人专门赶到日本运来原料。此时电灯的寿命已提高到了上千小时。爱迪生觉得灯泡寿命已能够应付家庭使用，于是便决定成批生产。1882年，生产了10万只。为了能推广这种新产品，爱迪生又一次冒险，不顾每只灯泡1.4美元的成本，定价为40美分，并亲自参与架设电线。最初，电线第一个晚上就被全部割断。因为人们不了解电知识，对此感到恐惧，怕纵横在空中的电线会引来雷电。研究实验室的成员不得不晚上加派人手保护电线，并请报社配合宣传电的知识，打消人们的顾虑。爱迪生还亲自走访用户，了解使用情况。有一次，一个住户开玩笑说："这新灯什么都好，就是不能点雪茄。"没想到3天以后，爱迪生派人送来一只电动打火机。尽管采用了许多措施，但因采用串联的供电方式，一户电灯熄灭，全部都将随之熄灭，人们觉得不方便，因此用户数量不太多。

后来爱迪生把串联供电改为并联供电，由用户控制开关，大大地方便了用户，并且还研制了主要的设备——发电机，以及开关、熔断器（保险丝）、绝缘带等配套设备，使人们感受到了电灯的好处，用户与日俱增。1903年，灯泡每年的生产量已增至4500万只，电灯完全取代了煤气灯。后来，人们又对电灯做了改进，采用了效能更好的钨丝，今天人们还在用它照明。电灯是19世纪末最著名的发明，也是爱迪生对人类最辉煌的贡献，他把光明带进了千家万户。

4.6.4　圆珠笔的发明

圆珠笔具有结构简单、携带方便、书写润滑，且适于用来复写等优点，在第二次世界大战即将结束时出现在市场上。最早的圆珠笔出现在1888年，由一位名叫约翰·劳德的美国记者设计。

导图

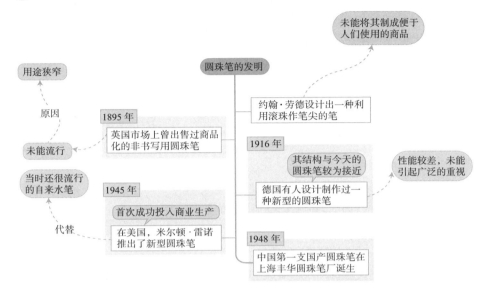

4.6.5 拉链的发明

1893年，一位名叫贾德森的美国工程师研制了一个"滑动锁紧装置"，并获得了专利权，这是拉链的雏形。

导图

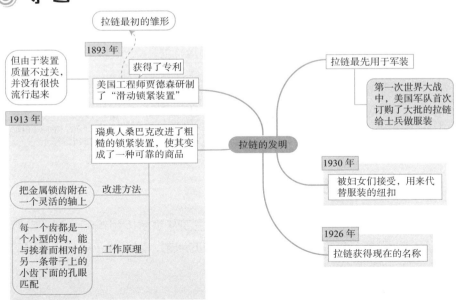

4.6.6　测谎器的发明

测谎器是一种记录多项生理反应的仪器，可以在犯罪调查中用来协助侦讯。最早出现的科学测谎仪器由意大利犯罪学家朗布罗索在1895年发明。

导图

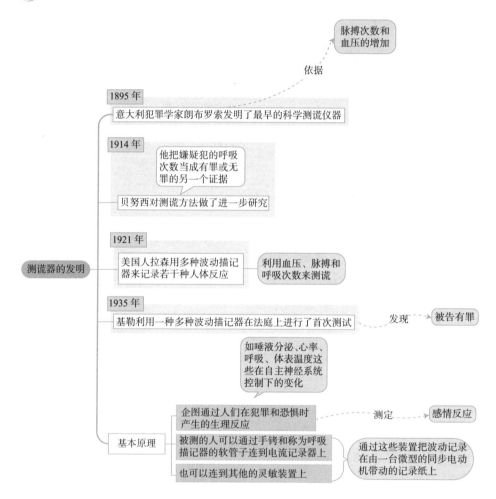

4.6.7　吸尘器的发明

吸尘器是布斯在1901年发明的。布斯主要从事桥梁建筑和大型差动滑轮的设计，他解决了如何把灰尘从空气中滤去的问题，因而成了第一个实用的真空吸尘器的发明者。

导图

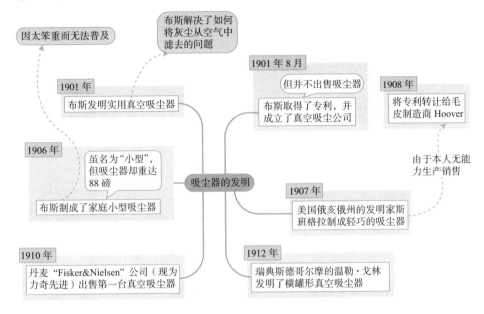

因太笨重而无法普及

布斯解决了如何将灰尘从空气中滤去的问题

1901 年
布斯发明实用真空吸尘器

1901 年 8 月
但并不出售吸尘器
布斯取得了专利，并成立了真空吸尘公司

1908 年
将专利转让给毛皮制造商 Hoover

由于本人无能力生产销售

1906 年
虽名为"小型"，但吸尘器却重达88 磅
布斯制成了家庭小型吸尘器

吸尘器的发明

1907 年
美国俄亥俄州的发明家斯班格拉制成轻巧的吸尘器

1910 年
丹麦"Fisker&Nielsen"公司（现为力奇先进）出售第一台真空吸尘器

1912 年
瑞典斯德哥尔摩的温勒·戈林发明了横罐形真空吸尘器

人物小史与趣事

★世界上最早的吸尘器

　　吸尘器要比传统的扫帚在清扫垃圾时更方便、更快捷、更干净，因此几乎是每一个现代家庭都会考虑采购的除尘用品。而用户今天能用上如此成熟的产品，不得不感恩于一百多年前英国的土木工程师布斯。

　　1901 年，英国土木工程师布斯到伦敦莱斯特广场的帝国音乐厅参观美国一种车箱除尘器示范表演。这种除尘器用压缩空气将尘埃吹入容器内，布斯认为此法并不高明，因为许多尘埃未能吹入容器。后来，他反其道而行之，用吸尘法。布斯做了个很简单的试验：将一块手帕蒙在嘴巴和鼻子上，用口对着手帕吸气，结果使手帕

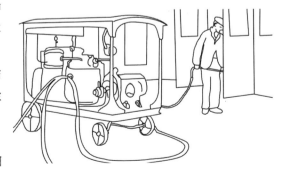

附上了一层灰尘。于是，他制成了吸尘器，用强力电泵将空气吸入软管，通过布袋将灰尘过滤。

布斯在1901年8月取得吸尘器专利，并成立了真空吸尘公司，但并不出售吸尘器。他把用汽油发动机驱动的真空泵装在马车上，挨家挨户进行服务，把三四条长长的软管从窗子伸进房间吸尘（后来吸尘器的前身），公司职工都穿上工作服。

1902年，布斯的服务公司奉召到威斯敏斯特大教堂，将爱德华七世加冕典礼所用的地毯清理干净。此后生意日益兴隆。1906，年布斯制成了家庭小型吸尘器，虽名为"小型"，但吸尘器却重达88磅（1磅=0.4536千克），由于太笨重而无法普及。

吸尘器的工作原理

　　吸尘器的工作原理是吸尘器电机高速旋转，从吸入口吸入空气，使尘箱产生一定的真空，灰尘通过地刷、接管、手柄、软管、主吸管进入尘箱中的滤尘袋，灰尘被留在滤尘袋内，过滤后的空气再经过一层过滤片进入电机，这层过滤片是防止尘袋破裂灰尘吸入电机的一道保护屏障，进入电机的空气经电机流出，由于电机运行中碳刷不断地磨损，因此流出吸尘器前又加了一道过滤。

1907年，美国俄亥俄州的发明家斯班格拉制成轻巧的吸尘器，他当时在一家商店里做管理员，为了减轻清扫地毯的负担，制成了一种用电扇造成真空将灰尘吸入，然后吹入口袋的吸尘器。由于他本人无力生产销售，1908年他把专利转让给毛皮制造商Hoover。当年Hoover便开始制造一种带轮的O形真空吸尘器，并开始大规模生产这种吸尘器，销路甚好。这种最早的家用吸尘器设计比较合理，发展至今也无太大原理上的改动。

1910年，丹麦"Fisker & Nielsen"公司（现为力奇先进）出售第一台Nilfisk C1真空吸尘器。重量约17.5千克，由于可以单人操作，在当时大受市场青睐。

最早设计的吸尘器是直立式的。1912年瑞典斯德哥尔摩的温勒·戈林发明了横罐形真空吸尘器，伊莱克斯（Electrolux）由此成为真空吸尘器的创始者。

4.6.8 尼龙的发明

尼龙是一种合成纤维。1934年，卡洛萨斯发明了尼龙。尼龙的出现，对人们的生活，特别是衣着方面，有相当大的影响。过去，人的衣服完全靠天然纤维。尼龙纤维的出现，大大拓展了人类制作衣服的材料来源。

导图

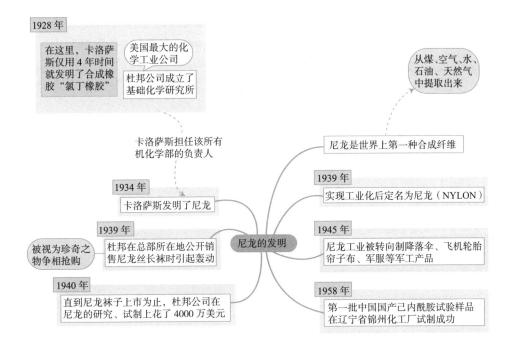

人物小史与趣事

★尼龙纤维的发现

尼龙是一种合成纤维，它的出现，对于人们的生产生活，特别是衣着方面，有着相当大的影响。过去，人的衣服完全靠天然纤维，即棉花、树皮之类的东西。尼龙纤维的出现，大大拓展了人类制作衣服的材料来源。

化学纤维是法国人伊雷尔·德·查尔顿发明的。在他之前，瑞士的休泊因等人就已经将棉花用硝酸、硫酸等进行处理，成功地制备了纤维素高分子，但实际上，还是由植物的天然纤维素改造而成的。

那么，是否能够从植物以外的其他物质中提取出高分子化合物呢？美国的发明家、化学家华莱士·休姆·卡洛萨斯成功解决了这个问题。他在读研究生时就开始应用量子力学来探讨有机高分子的化学键问题，并在理论上取得了重大突破。

1928年，32岁的卡洛萨斯进入杜邦化学公司，在这里，他只用了4年时间就发明了合成橡胶——氯丁橡胶。1934年，他又发明了尼龙。之后，又合成了多种纤维高分子。

在尼龙的发明过程中，值得一提的是杜邦公司领导人的见识。他们给了卡洛萨斯一切必要的权力，放手让他做下去。到1940年尼龙袜子上市为止，杜邦公司在尼龙的研究、试制上花费了4000万美元。

5

晶体管与信息时代

（1940 年以后）

从晶体管的发明到信息社会的诞生，现代发明是以现代科学技术为基础的，因而其成果无不凝聚着最先进的科技结晶，特别是一些重要的综合性发明，往往直接采用最新的发明成果，使之成为新发明的集大成者。例如，电子计算机的发明，直接得益于晶体管、集成电路的发明；洲际导弹的出现，取决于火箭技术、电子技术、核技术以及控制论、信息论的发展；而航天器的诞生，则离不开电子计算机、自动控制、发动机等技术的有力支撑。这说明，现代发明具有综合利用各种先进技术的特点，能够代表科技研究的最新成果。

导图

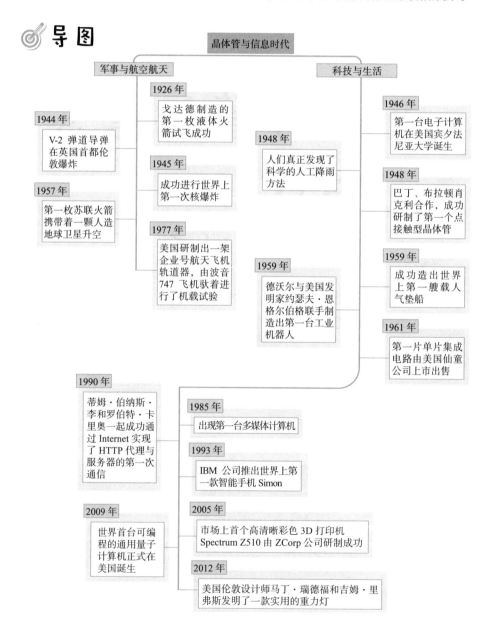

5.1 ☀ 军事与航空航天

5.1.1 现代火箭的发明

现代火箭的诞生，为人类探索宇宙奥秘提供了最重要的、最直接的手段。有了火箭，人们才能发明宇宙飞船、卫星和航天飞机，从而使人类的空间技术进入到一个新阶段。1926年3月，戈达德制造的第一枚液体火箭试飞成功。

导图

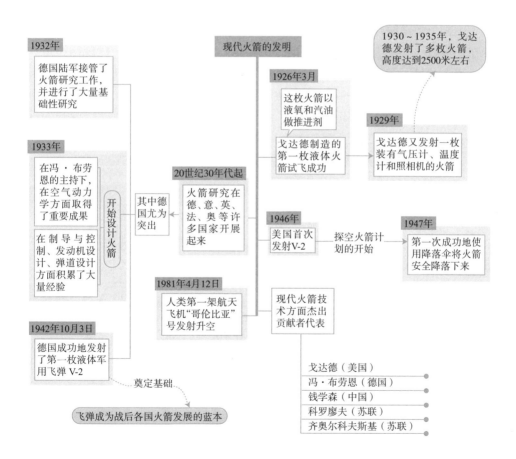

人物小史与趣事

戈达德

罗伯特·戈达德（1882—1945），美国教授、工程师及发明家，液体火箭的发明者，被公认为"现代火箭技术之父"。

他于1926年3月16日发射了世界上第一枚液体火箭。共获得了214项专利，其中83项专利在他生前获得。成立于1959年的美国国家航空航天局"戈达德太空飞行中心"就是以其名字命名。月球上的"戈达德环形山"（Goddard Crater）也是以他的名字命名。

★液体火箭的发明者和宇宙时代的开创者

美国马萨诸塞州的一个果园里，一个小男孩正在给樱桃树修剪枯枝。他爬上了一棵高大的樱桃树，眺望着远方的田野。突然，他头脑中闪现出一个念头：人要是能飞到星星上多好啊！小男孩从樱桃树上爬下来，坐在树下沉思起来。他想象着某种机器在草地上飞快地旋转着，急速上升，飞向太空，飞向那遥远的未知的世界。从果园回来后，小男孩似乎变成了另外一个人。父母发现他整天在学习数学和做科学小实验，即使卧病在床，他也不肯浪费学习的时间。这个孩子就是美国物理学家和火箭技术的先驱者——罗伯特·戈达德。

戈达德长大后考入了伍斯特理工学院。1911年，29岁的戈达德在克拉克大学获理学博士学位，并在这所大学开始了火箭研制工作。刚开始时，戈达德做理论研究工作，探讨火箭作高空大气研究的价值和达到月球的可能性。1919年，他发表了《达到超高空的方法》，全文69页，是他理论研究的结果。小册子发表后，并没有引起人们的注意。其实，早在10年前俄国物理学家齐奥尔可夫斯基也曾做过类似的研究，写过相似的论文，但也没有引起世人的注意。戈达德在理论研究之后，决定进行实践操作，想用成功的事实来证明他的理论的正确性和可行性。

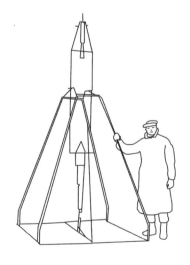

1922年，戈达德开始了用汽油和液氧作燃料的火箭引擎试验。

1926年冬天，在马萨诸塞州的田野上，戈达德发射了自己制作的第一枚火箭。这枚火箭高约1.2米，直径约15厘米。火箭里的汽油和液氧混合燃料耗尽后，它仍在继续上升，上升高度是60米，时速达到100公里左右。戈达德也是第一位设想用火箭载人飞向天外的人。

1929年7月，又一枚火箭在戈达德的家乡飞向天空。它飞得更高，而且载有气压表、温度计、拍摄气压表和温度计的小型照相机。试验刚刚结束，警察就找到戈达德，命令他以后不许在马萨诸塞州做试验。戈达德只好到新墨西哥州一块荒凉的土地上开始新的试验。经过许多努力，他得到一位慈善家馈赠的一笔钱，才使他的试验得以维持。在这里，戈达德制作了更大型更成功的火箭。他的火箭有燃烧室，因用汽油和超高压的液氧作燃料，燃烧室的壁能保持冷却。戈达德还发明了控制火箭飞行方向的转向装置、使火箭沿正确方向飞行的陀螺仪等。

火箭

火箭（rocket）是靠发动机喷射工质（工作介质）产生的反作用力向前推进的飞行器。它自身携带全部推进剂，不依赖外界工质产生推力，可以在稠密大气层内，也可以在稠密大气层外飞行。火箭发动机是以著名的牛顿第三运动定律作为基本驱动原理的，该定律认为"每个作用力都有一个大小相等、方向相反的反作用力"。火箭发动机向一个方向抛射物质，结果会获得另一个方向的反作用力。

$$F=-F'$$

1930～1935年，戈达德发射了数枚火箭，火箭的速度最高可以达到超音速水平，飞行高度达到2.5千米。但遗憾的是戈达德的研究没有得到美国政府的关注和支持，只给过他一小笔预算，让他设计飞机在航空母舰起飞时用的一种小型火箭。戈达德在默默无闻中，靠着自己的毅力和勤奋发明创造了火箭，是美国宇宙时代的开创者。

戈达德虽然在美国没有受到重视，在德国却有一批推崇者。他们用戈达德的原理制成了V-2火箭，并在第二次世界大战中发挥了威力。"二战"结束之后，美国科学家向德国科学家请教火箭制造的技术，德国科学家目瞪口呆："你们不知道戈达德吗？我们是用他的原理研究和制造火箭。他是我们的老师。"

美国科学家震惊后再去寻找戈达德时，一切都已经晚了。1945年8月10日，戈达德离开了人世。

当然，火箭技术的研究可以追溯到中国古代。发明火药的中国人在13世纪就发明了"飞火箭"，并运用于战争。还有印度人、阿拉伯人、波斯人等也曾研究过火箭技术。

5.1.2　战略弹道导弹的出现

1944年9月8日19点左右，英国首都伦敦的居民，未听见空袭的警报，却看到了猛烈爆炸后的火光，当时无人知晓这是什么武器。后来查明，它是法西斯德国在荷兰首都海牙近郊，隔着英吉利海峡发射的V-2弹道导弹。

导图

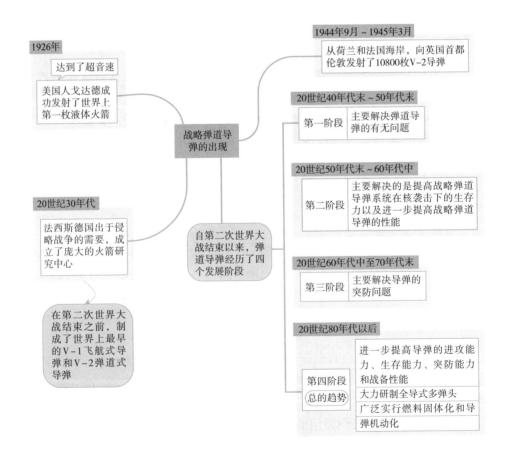

5.1.3 原子弹的发明

1942年6月，美国陆军部开始实施"曼哈顿计划"，组织了15000名科学家，历时3年半，首次制成3颗原子弹，并于1945年7月16日成功地进行了世界上第一次核爆炸。爆炸的巨响在160千米以外都可听到，高大的蘑菇云上升到10668米高空。

导图

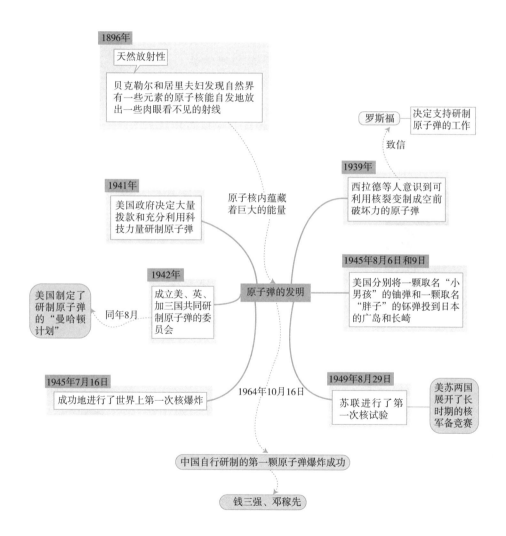

人物小史与趣事

贝克勒尔

安东尼·亨利·贝克勒尔（1852—1908），法国物理学家。发现天然放射性，与皮埃尔·居里和玛丽·居里夫妇因在放射学方面的深入研究和杰出贡献，共同获得了1903年诺贝尔物理学奖。

玛丽·居里（1867—1934），世称"居里夫人"，法国著名波兰裔科学家、物理学家、化学家。

玛丽·居里

1903年，居里夫妇和贝克勒尔由于对放射性的研究而共同获得诺贝尔物理学奖，1911年，因发现元素钋和镭再次获得诺贝尔化学奖，成为历史上第一个两获诺贝尔奖的人。居里夫人的成就包括开创了放射性理论、发明分离放射性同位素技术、发现两种新元素钋和镭。

费米

恩利克·费米（1901—1954），美籍意大利著名物理学家、美国芝加哥大学物理学教授，1938年诺贝尔物理学奖得主。

费米领导小组在芝加哥大学Stagg Field建立了人类第一台可控核反应堆（芝加哥一号堆），人类从此迈入原子能时代，费米也被誉为"原子能之父"

1952年，费米发现了第一个强子共振——同位旋四重态。1949年，与杨振宁合作，提出基本粒子的第一个复合模型。

钱三强（1913—1992），中国原子能科学事业的创始人，中国"两弹一星"元勋，中国科学院院士。

钱三强

1939年钱三强完成了博士论文——《α粒子与质子的碰撞》。1946年底，荣获法国科学院亨利·德巴微物理学奖。1948年起，历任清华大学物理系教授，中国科学院近代物理研究所（后为原子能研究所）副所长、所长，兼浙江大学校长，中国科学院学术秘书处秘书长，二机部（核工业部）副部长，中国科学院副院长，中国科协副主席、名誉主席，中国物理学会副理事长、理事长。

邓稼先（1924—1986），中国科学院院士，著名核物理学家，中国核武器研制工作的开拓者和奠基者，为中国核武器、原子武器的研发做出了重要贡献。

邓稼先是中国核武器研制与发展的主要组织者、领导者，他始终在中国武器制造的第一线，领导许多学者和技术人员，成功地设计了中国的原子弹和氢弹，把中国国防自卫武器引领到了世界先进水平。

★曼哈顿计划

美国陆军部于1942年6月开始实施利用核裂变反应来研制原子弹的计划，也称曼哈顿计划。罗斯福总统赋予这一计划以"高于一切行动的特别优先权"。

"曼哈顿计划"规模大得惊人，由于当时还不知道分裂铀-235的3种方法哪种最好，只得用3种方法同时进行裂变工作。这项复杂的工程成了美国科学的熔炉，在"曼哈顿计划"管理区内，汇集了以奥本海默为首的一大批来自世界各国的科学家。科学家人数众多，而且其中不乏诺贝尔奖得主。"曼哈顿计划"在顶峰时期曾经起用了53.9万人，总耗资高达25亿美元，这是在此之前任何一次武器实验所无法比拟的。

在参谋长联席会议主席马歇尔的支持下，美国军方同意按原S-1委员会（负责铀研究的一个机构）的建议，开始建设4种分别采用不同方法的铀同位素分离工厂和其他的研制、生产基地。军队把整个计划取名为"代用材料发展实验室"，指派美国军事工程部的马歇尔上校负责全部行动。由于马歇尔上校循规蹈矩，与科学顾问们有分歧，使研究计划优先权的升级和气体分离工厂地址的选择拖延了两个月。9月，政府战时办公室和军队高层领导决定，领导修建美国国防部大楼（五角大楼）的格罗夫斯上校接替马歇尔上校。格罗夫斯在赴任之前，被提升为准将。

铀-235

铀-235是铀元素里中子数为143的放射性同位素，是自然界至今唯一能够裂变的同位素，主要用作核反应中的核燃料，也是制造核武器的主要原料之一。铀是原子序数为92的元素，其元素符号是U，是自然界中能够找到的最重元素。在自然界铀有三种同位素存在（铀-234、铀-235和铀-238），均带有放射性。铀-235在天然铀中的含量为0.711%，其半衰期为7.00×10^8年，1935年由加拿大科学家邓史达发现。

格罗夫斯在上任后不到48小时内就成功地将计划的优先权升为最高级，并选定田纳西州的橡树岭作为铀同位素分离工厂基地。由于马歇尔上校的总办公室最初计划设在纽约城，他们决定把新管区的名称命名为"曼哈顿"。于是，"曼哈顿工程区"（或简称为曼工区）就这样诞生了。美国整个核研究计划不久后取名为"曼哈顿计划"。

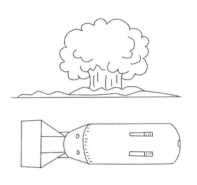

曼哈顿计划的最终目标是赶在战争结束以前造出原子弹。虽然在这个计划以前，S-1执行委员会就肯定了其可行性，但要实现这一新的爆炸，还有大量的理论和工程技术问题需要解决。在劳伦斯、康普顿等人的推荐下，格罗夫斯请奥本海默负责这一工作。为了使原子弹研究计划能够顺利完成，根据奥本海默的建议，军事当局决定建立一个新的快中子反应和原子弹结构研究基地，这就是后来闻名于世的洛斯阿拉莫斯实验室。奥本海默凭借着他的才能与智慧，以及他对于原子弹的深刻洞察力，被任命为洛斯阿拉莫斯实验室主任。正是这样一个至关重要的任命，才使他在日后赢得了美国"原子弹之父"的称号。

在"曼哈顿工程区"工作的15万人当中，只有12个人知晓全盘计划。全体人员中很少有人知道他们是在从事制造原子弹的工作。例如，洛斯阿拉莫斯计算中心长时期内进行复杂的计算，但大部分工作人员不了解这些工作的实际意义。由于他们不知道工作目的，因此就不可能使他们对工作产生真正的兴趣。后来，有人说明了他们工作的意义。此后，这里的工作热情达到了高潮。经过全体人员的艰苦努力，原子弹的许多技术与工程问题得到解决。

★拿出自己的原子弹

中国科学院近代物理研究所成立之后，钱三强先后担任了副所长、所长职务。1955年1月14日，钱三强和地质学家李四光应周恩来总理召见来到总理办公室。周总理听取了李四光介绍我国铀矿资源的勘探情况，又听取了钱三强介绍原子核科学技术研究状况。周总理全神贯注地听完之后，提出了相关问题。最后告诉钱三强和李四光，回去好好准备，明天毛主席和中央其他领导要听取这方面情况，可以带些铀矿和简单的仪器做现场演示。第二天，钱三强和李四光来到中南海的一间会议室，里面已经坐着众多熟悉的领导人，有毛主席、刘少奇、周恩来、朱德、陈云、邓小平、彭德怀等。这是一次专门研究发展我国原子能的中共中央书记处扩大会议。会议开始了，毛主席开宗明义："今天，我们做小学生，就原子能问题，请你们来上课。"

李四光先讲了铀矿资源以及与原子能的关系。钱三强汇报了几个主要国家原子能发展的概况和我国这几年做的工作，并做了演示。大家看着实验，会场十分活跃。主席做了总结："我们的国家，现在已经知道有铀矿，进一步勘探，一定会找到更多的铀矿来。我们也训练了一些人，科学研究也有了一定基础，创造了一定条件。过去几年，其他事情很多，还来不及抓这件事。这件事总是要抓的，现在到时候了，该抓了。只要排上日程，认真抓一下，一定可以搞起来。"

1959年6月26日苏共中央来信，拒绝提供原子弹的有关资料及教学模型。8月23日，苏联又单方面终止了两国签订的新技术协定，撤走了全部专家，还讽刺："中国人20年也搞不出原子弹，只能守着一堆废钢铁。"然而这种讽刺转变成了动力，愤怒化作了力量。中国科技工作者没有被吓倒。"自己动手，从头做起，准备用8年时间，拿出自己的原子弹"成了中国人民的誓言。

钱三强作为原子核物理专家，和无数科学工作者一样，在困难面前没有低头，组织起数万名科学工作者及技术工人，向研制第一颗原子弹进军。在苏联专家撤走之后，周光召在国外召集数十名海外专家、学子，联名请求回国参战。他们归国后先后参与主持了理论研究与实验研究工作。

为了研究一种扩散分离膜，由钱三强领导成立了攻关小组，经过4年的努力研究成功，成为继美、苏、法之后第4个能制造扩散分离膜的国家。同时成功研制了我国第一台大型通用计算机，成功地承担了第一颗原子弹内爆分析和计算工作。在原子弹的整个研制过程中，浸透了钱三强的智慧与心血。他不仅为原子弹的研制做出了贡献，也为我国原子能科学事业的发展呕心沥血，为培养我国原子能科技队伍立下了不朽的功勋。

1964年10月16日，我国西部上空一朵蘑菇云升起——我国第一颗原子弹爆炸成功了。这意味着中国人民终于造出了自己的原子弹。

★连续攻关"639"

事实上，早在我国爆炸第一颗原子弹的前一年，即1963年9月，邓稼先他们就已经奉命转向更高的目标了。他承担了中国第一颗氢弹的理论设计任务，任务代号为"639"。氢弹并不是人们所想象的那样，在制造原子弹的基础上提高一步就行了，这是与实际情况差得太远的想法。从最基本的科学原理来说，原子弹是靠原子核一连串的裂变释放出巨大的能量，这称为核裂变，而氢弹却恰恰相反，它是将两个原子核聚合成一个原子核，在聚合的同时放出巨大的能量，这称为核聚变。一个是裂变，一个是聚变。通俗点也就是说，一个是打碎而一个是合并，其原理根本不同。原子弹只起点燃氢弹的作用。

核裂变和核聚变

核裂变，又称为核分裂，是指由重的原子核，主要是指铀核或钚核，分裂成两个或者多个质量较小的原子的一种核反应形式。原子弹、裂变核电站或核能发电厂的能量来源就是核裂变。其中铀裂变在核电厂最常见，热中子轰击铀-235原子后，会放出2～4个中子，中子再去撞击其他铀-235原子，从而形成链式反应。

核聚变，又称为核融合，是指由质量小的原子，例如氘和氚，在一定条件下（如超高温和高压），发生原子核互相聚合作用，生成中子和氦-4，并且伴随巨大的能量释放的一种核反应形式。相比核裂变，核聚变的放射性污染等环境问题要少很多。比如氘和氚的核聚变反应，其原料可直接取自海水，来源几乎取之不尽，因而是比较理想的能源取得方式。

邓稼先领导我国理论部的科学家们夜以继日地工作，绞尽脑汁想出各种点子和谁也不知对错的办法，邓稼先主持从中选择和归纳，并拿出几个初步方案，然后分几路用计算机去实际运算研制氢弹的可行途径。其中，一路由理论部副主任于敏率领，利用某处的高性能计算机进行计算与探索。几个青年科技学者经常在机房地板上和衣而卧，有时则是通宵不眠，终于闪烁出一束智慧之光，一个有充分论证根据的方案——"邓-于理论方案"诞生了。几次的冷试验证明方案是正确的，经过中央军委决定进行两次热试验，证明方案正确无误，并且在直接进行多级热核弹试验后，我国的第一颗氢弹终于在1967年6月17日爆炸成功。中华人民共和国又创造了一个奇迹，它从原子弹爆炸成功到氢弹的爆炸成功，仅仅隔了2年又8个月的时间，而且是由同一个研制班子连续攻关完成的。氢弹爆炸成功显示出我国科研攻关力量之强，在世界上是少有的。

5.1.4 宇宙飞船的发明

宇宙飞船是一种运送航天员、货物到达太空并安全返回的一次性使用的航天器。1957年10月，一枚苏联火箭携带着一颗人造地球卫星飞升560英里后，开始以17000英里/时的速度绕地球飞行。后来苏联和美国的无人驾驶宇宙飞船曾多次进入外层空间，到达月球和太阳系中的其他星球。

导 图

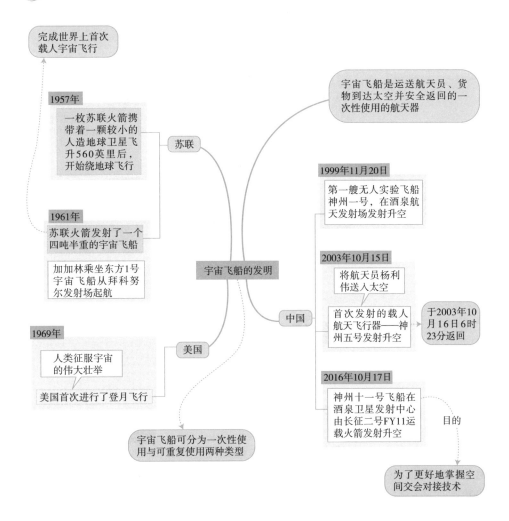

5.1.5   航天飞机的诞生

　　航天飞机是把火箭、宇宙飞船和飞机的技术结合起来的一种新型运载工具，其主要的特点是能够像客货运班机一样，在宇宙航行中往返使用多次。1977年2月美国研制出一架企业号航天飞机轨道器，由波音747飞机驮着进行了机载试验。

导 图

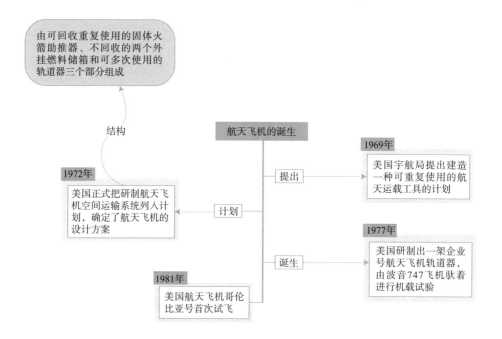

由可回收重复使用的固体火箭助推器、不回收的两个外挂燃料储箱和可多次使用的轨道器三个部分组成

结构

航天飞机的诞生

提出

1969年
美国宇航局提出建造一种可重复使用的航天运载工具的计划

1972年
美国正式把研制航天飞机空间运输系统列入计划，确定了航天飞机的设计方案

计划

诞生

1977年
美国研制出一架企业号航天飞机轨道器，由波音747飞机驮着进行机载试验

1981年
美国航天飞机哥伦比亚号首次试飞

5.2 科技与生活

5.2.1   电子计算机的发明

　　1946年2月15日，第一台通用计算机在美国宾夕法尼亚大学诞生。这台电子计算机的名字叫"电子树脂积分计算机"，简称ENIAC。它能在1秒内做5000次加法运算、400次乘法运算。它的问世开启了计算机时代。

导图

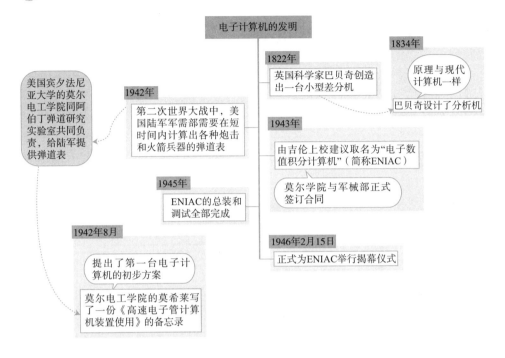

人物小史与趣事

★第一台通用计算机——"埃尼阿克"

第二次世界大战之后，随着火炮的发展，弹道计算日益复杂，原有的一些计算机已无法满足使用要求，迫切需要有一种新的快速的计算工具。在美国军械部的支持下，经过科学家和工程师的努力，世界上第一台电子计算机应运而生。

这台电子计算机以主要研制者，美国宾夕法尼亚大学埃克特的名字命名为"埃尼阿克"。这台电子计算机一共使用了17468个电子管，另加1500个继电器以及其他器件，其总体积约90立方米，重达30吨，占地170平方米，需要用一间30多米长的大房间才能存放，是个地地道道的庞然大物。它每秒能做5000次加法或者400次乘法。如果用当时最快的机电式计算机做40点弹道计算，需要两小时，而"埃尼阿克"只要3秒钟，比炮弹本身的飞行速度还快。在当时，这的确是很了不起的成绩。然而"埃尼阿克"还不完善，实际上它并没有存储器，只有用电子管做的寄存器，仅仅能够寄存10个数码。当需要换算别的题目时，需要重新焊接连线，很费时间。

5.2.2　人工降雨技术的出现

自古以来，人类一直在努力影响天气。但在科学技术不发达的古代社会，人们只能采取向天求雨的迷信做法以祈求上天的恩赐。直到1948年，人们才真正发现了科学的人工降雨方法。

导 图

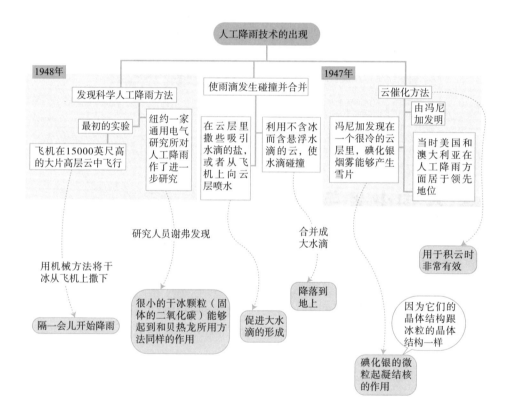

5.2.3　晶体管的诞生

晶体管是人们在对半导体材料进行深入研究的基础上发明的。1948年，巴丁、布拉顿、肖克利合作成功研制了第一个点接触型晶体管。

导图

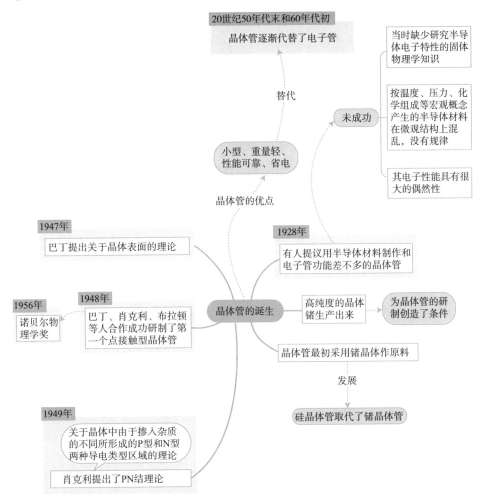

人物小史与趣事

巴丁

约翰·巴丁（1908—1991），美国物理学家，电气工程师，两次获得诺贝尔物理学奖。

1956年，同W.H.布拉顿和W.肖克利因发明晶体管获得诺贝尔物理学奖。

1972年，同L.N.库珀和J.R.施里弗因提出低温超导理论获得诺贝尔物理学奖。

▶ 沃尔特·布拉顿

沃尔特·布拉顿，美国物理学家，美国科学院院士。1902年2月10日生于中国厦门市。1928年获明尼苏达大学博士学位，1929年在贝尔实验室研究物理学，1962～1967年任惠特曼学院客座讲师，1967年任教授。布拉顿长期从事半导体物理学研究，发现半导体自由表面上的光电效应。他与巴丁和肖克利发明点接触晶体管，因此共同获得了1956年诺贝尔物理学奖。此外，他还研究过压电现象、频率标准、磁强计和红外侦察等。

★晶体管发明人之一

1936年，在号称"工程师的摇篮"的美国麻省理工学院里，一位不速之客悄悄推开了博士生肖克利的房门。来者来自贝尔实验室，名为凯利。凯利快人快语，表明了来麻省"挖人"的意图。凯利的话使肖克利怦然心动，贝尔实验室在电子学方面开展着世界上规模最大的基础研究，发明专利的注册已达近万项之多。肖克利太愿意到贝尔实验室工作了！毕业之后，他毫不迟疑地打点行装，来到了新泽西。

贝尔实验室里早就有位青年人，似乎在等着肖克利的到来，他的名字叫布拉顿。布拉顿先后取得过理学硕士和哲学博士学位，从1929年起就加盟贝尔实验室。两位青年志趣相投，一见如故。肖克利专攻理论物理，布拉顿则擅长实验物理，知识结构相得益彰。有一天，肖克利和布拉顿谈到一种"矿石"时，思想碰撞的火花终于引燃了"链式反应"。

肖克利激动地对布拉顿说："有一类晶体矿石被人们称为半导体，比如锗和硅等，它们的导电性并不太好，但有一些很奇妙的特性，说不定它们会影响到未来电子学的发展方向。"布拉顿心领神会，连连点头称是。

如果不是第二次世界大战爆发，肖克利和布拉顿或许更早就"挖掘"到什么"珍宝"，然而，战争毕竟来临了，肖克利和布莱顿先后被派往美国海军部从事军事方面的研究，刚刚开始的半导体课题遗憾地被战火中断。

1945年，战火硝烟刚刚消散，肖克利一路风尘赶回贝尔，并带来了另一位青年科学家巴丁。巴丁是普林斯顿大学的数学物理博士，擅长固体物理学。巴丁的到来，对肖、布的后续研究如虎添翼，他渊博的学识和固体物理学专长，恰好弥补了肖克利和布拉顿知识结构的不足。贝尔实验室迅速批准固体物理学研究项目上马，凯利作为决策者在课题任务书上签署了大名。由肖克利领衔，布拉顿、巴丁等人组成的半导体小组把目光聚焦在那些特殊的"矿石"。

肖克利首先提出了"场效应"半导体管实验方案，然而首战失利，他们并没有发现预期的那种放大作用。

1947年的圣诞节即将来临，这天晌午时分，布拉顿和巴丁不约而同地走进实验室。在此之前，由于有巴丁固体表面态理论的指导，他俩几乎到了成功的边缘。实验表明，只要将两根金属丝的接触点尽可能地靠近，就可能引起半导体放大电流的效果。但是，如何才能够在晶体表面形成这种小于0.4毫米的触点呢？布拉顿精湛的实验技艺开始大显神威。他用刀片平稳地在三角形金箔上划了一道细痕，恰到好处地将顶角一分为二，分别接上导线，随即准确地压进锗晶体表面的选定部位。电流表的指示清晰地显示出，他们得到了一个有放大作用的新电子器件！布拉顿和巴丁兴奋地大喊大叫起来，闻声而至的肖克利也为眼前的奇迹感到格外振奋。布拉顿在笔记本上这样写道："电压增益100，功率增益40……实验演示日期1947年12月23日下午。"作为见证者，肖克利在这本笔记上郑重地签上了名字。

晶体管

晶体管（transistor）是一种固体半导体器件，具有检波、整流、放大、开关、稳压、信号调制等多种功能。晶体管作为一种可变电流开关，能够基于输入电压控制输出电流。与普通机械开关（如继电器、转换器）不同，晶体管利用电信号来控制自身的开合，而且开关频率可以非常快，实验室中的切换频率可达100GHz以上。

5.2.4　气垫船的发明

船是人类历史上一种最古老的交通工具。它大体经历过独木船、木筏、竹筏、木结构船、钢铁结构船等几个发展阶段。而气垫船的发明，为人类提供了更加便利的水运。1959年5月28日，科克雷尔成功地造出了世界上第一艘载人气垫船。

导图

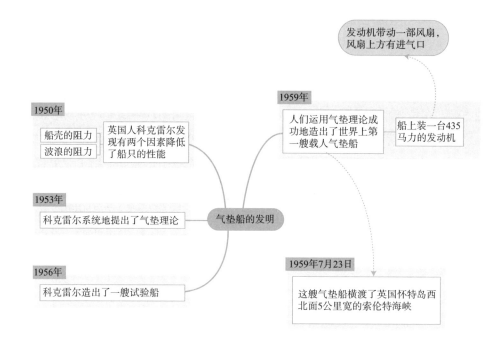

人物小史与趣事

> **★世界上第一艘载人气垫船**

　　在科克雷尔的精心设计下，世界上第一艘载人气垫船于1959年5月28日在英国诞生。气垫船是一种利用高压空气在船底和水面（或地面）间形成气垫，使船体全部或部分垫升而实现高速航行的船。气垫是用大功率鼓风机将空气压入船底下，由船底周围的柔性围裙或刚性侧壁等气封装置限制其逸出而形成的。

5.2.5　机器人的出现

　　机器人是模拟人的四肢动作和部分感觉与思维能力的机械装置，它既可以接受人类指挥，又可以运行预先编排的程序，也可以根据以人工智能技术制定的原则纲领行动。1959年，德沃尔与美国发明家约瑟夫·恩格尔伯格联手制造出第一台工业机器人，由此，机器人的历史真正开始了。

导图

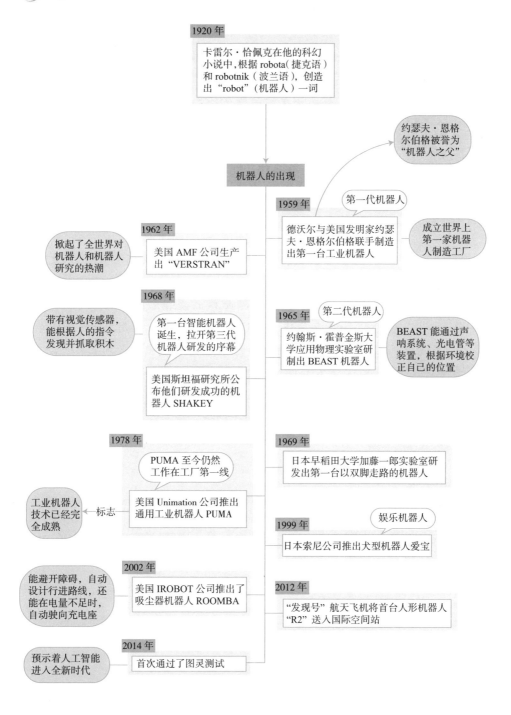

1920 年
卡雷尔·恰佩克在他的科幻小说中，根据 robota（捷克语）和 robotnik（波兰语），创造出 "robot"（机器人）一词

机器人的出现

约瑟夫·恩格尔伯格被誉为"机器人之父"

1959 年 第一代机器人
德沃尔与美国发明家约瑟夫·恩格尔伯格联手制造出第一台工业机器人

成立世界上第一家机器人制造工厂

掀起了全世界对机器人和机器人研究的热潮

1962 年
美国 AMF 公司生产出 "VERSTRAN"

带有视觉传感器，能根据人的指令发现并抓取积木

1968 年
第一台智能机器人诞生，拉开第三代机器人研发的序幕

美国斯坦福研究所公布他们研发成功的机器人 SHAKEY

1965 年 第二代机器人
约翰斯·霍普金斯大学应用物理实验室研制出 BEAST 机器人

BEAST 能通过声呐系统、光电管等装置，根据环境校正自己的位置

1978 年
PUMA 至今仍然工作在工厂第一线

美国 Unimation 公司推出通用工业机器人 PUMA

1969 年
日本早稻田大学加藤一郎实验室研发出第一台以双脚走路的机器人

工业机器人技术已经完全成熟 标志

娱乐机器人
1999 年
日本索尼公司推出犬型机器人爱宝

能避开障碍，自动设计行进路线，还能在电量不足时，自动驶向充电座

2002 年
美国 IROBOT 公司推出了吸尘器机器人 ROOMBA

2012 年
"发现号"航天飞机将首台人形机器人 "R2" 送入国际空间站

预示着人工智能进入全新时代

2014 年
首次通过了图灵测试

人物小史与趣事

德沃尔

乔治·德沃尔（1912—2011），美国肯塔基州人，发明家，机器人的发明者之一。

德沃尔是一个颇有远见的发明者。1983年，他提出机器人应当"通过计算机接收、使用信息，并能向计算机传达信息"。他认为，机器人的进化应成为世界范围内的标准化设计，允许机器人之间直接进行交流和合作。这也和今天科学家努力研发的人工智能的概念完全吻合。

恩格尔
伯格

约瑟夫·恩格尔伯格（1925—2015），"机器人之父"，美国人。

恩格尔伯格是世界上最著名的机器人专家之一，1958年他建立了Unimation公司，利用乔治·德沃尔所授权的专利技术，于1959年研制出了世界上第一台工业机器人，他对创建机器人工业做出了杰出的贡献。

恩格尔伯格创建的TRC公司的第一个服务机器人产品是医院用的"护士助手"机器人，它于1985年开始研制，1990年开始出售，目前已在世界各国几十家医院投入使用。

5.2.6 集成电路的发明

集成电路是一种微型电子器件或部件。第一片单片集成电路于1961年由美国仙童公司上市出售，它是由4只双极型晶体管组成的电阻—晶体管逻辑触发器。

导图

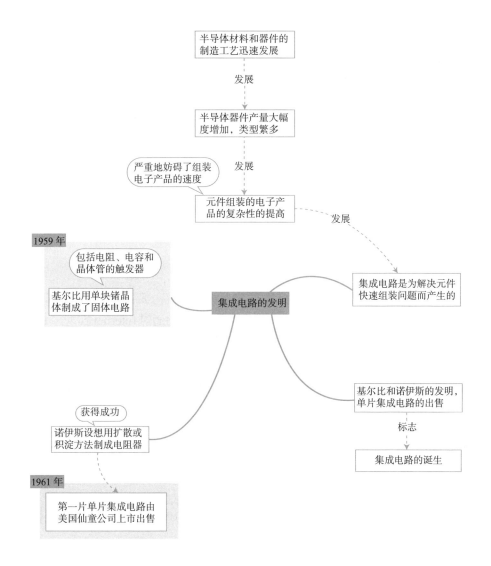

5.2.7　多媒体计算机的出现

多媒体计算机能够对声音、图像、视频等多媒体信息进行综合处理。1985年出现了第一台多媒体计算机，随着其应用越来越广泛，在办公自动化领域、计算机辅助工作、多媒体开发和教育、宣传等领域均发挥了重要作用。

导图

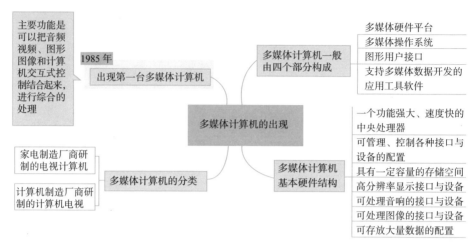

5.2.8　万维网的出现

蒂姆·伯纳斯·李是万维网的发明者，麻省理工学院教授。1990年12月25日，蒂姆·伯纳斯·李和罗伯特·卡里奥一起成功通过Internet实现了HTTP代理与服务器的第一次通信。

导图

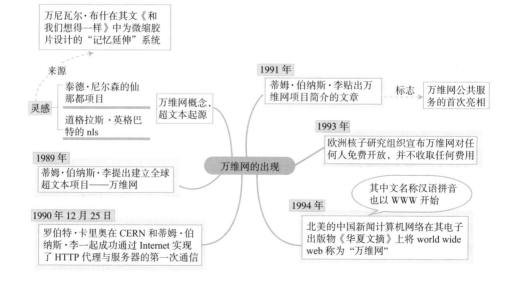

人物小史与趣事

蒂姆·伯纳斯·李

蒂姆·伯纳斯·李，英国计算机科学家，万维网的发明者，麻省理工学院教授。

1990年12月25日，罗伯特·卡里奥在CERN和他一起成功通过Internet实现了HTTP代理与服务器的第一次通信。

★互联网之父

2012年7月27日，在伦敦奥林匹克体育场举行的2012年伦敦奥运会开幕式上，一位英国科学家隆重登场，接受全场掌声，这个"感谢蒂姆"的场面惊动了全球，成为开幕式的一大亮点。他就是互联网的发明者、被业界公认为"互联网之父"的英国人蒂姆·伯纳斯·李。在全世界的注目下，他在一台电脑前象征性地打出了一句话："This is for everyone"（互联网献给所有人）。蒂姆·伯纳斯·李不仅被视为英国人的骄傲，同样也是全世界人的骄傲。

不仅因为他的发明改变了人类生活方式，改变了全球信息交流的传统模式，带来了一个全新的信息时代，更伟大的是，为了互联网的全球普及，让所有人不受限制地使用互联网，他宣布放弃为"WWW"申请专利。本可以在金钱上与比尔·盖茨不相上下，但他决定把自己的互联网成就无偿向全世界开放，个人失去了天价财富，却让包括我们在内的全人类获益。

如今，我们所点击的网址几乎都少不了"WWW"，这意味着我们时时在享受着蒂姆的无私奉献。1980年蒂姆·伯纳斯·李写下的程序奠定了互联网的基础，截至2014年9月，互联网上共有约10亿个网站。截至2016年3月中旬，在线网页至少有46.6亿个，这只涵盖了可以搜索到的网页，并不包括深层网络，可想而知，他的奉献让全球互联网迅猛发展，也让所有的网络运营商们赚了不计其数的钱。

1980年6~9月，蒂姆在欧洲核子研究组织（CERN）时，提出了一个独到的构想：创建一个以超文本系统为基础的项目，使分布于各地的计算机得以分享及更新信息。同时，他创建了ENQUIRE原型系统。

1990年，蒂姆在当时的NEXTSTEP网络系统上，开发出世界上第一个网络服务器和第一个客户端浏览器编辑程序，建立了全球第一个"WWW"网站。他当之无愧地成为全球互联网的创始人。今天，WWW、HTTP已成为人们的日常词汇，互联网已经影响到我们的工作、娱乐、生活等几乎所有领域。然而蒂姆从不居功自傲，每谈到成就，他总是平淡地说："我没有发明互联网，我只是找到了一种更好的方法。"

万维网（缩写WWW）

WWW是环球信息网（world wide web）的缩写（也作"Web""W3"），中文名字为"万维网""环球网"等，分为Web客户端和Web服务器程序。WWW可以让Web客户端（常用浏览器）访问浏览Web服务器上的页面，是一个由许多互相链接的超文本组成的系统，通过互联网访问。在这个系统中，每个有用的事物，称为一样"资源"，并且由一个全局"统一资源标识符"（URI）标识。这些资源通过超文本传输协议（hypertext transfer protocol）传送给用户，而后者通过点击链接来获得资源。

万维网并不等同于互联网，万维网只是互联网所能提供的服务之一，是靠着互联网运行的一项服务。

2009年10月15日，蒂姆·伯纳斯·李表示，互联网址中"http:"后面的两条斜线"//"其实并无必要，由此带来了不便，所以他向公众致歉。Lotus公司主席对蒂姆的评价可以代表国际上的普遍看法："蒂姆·伯纳斯·李是这个星球上最有资格写入互联网历史的人物。他用自身的智慧和像父母一样的无私为这个产业创造出了一个神话。"

蒂姆是网络中立性的支持者，始终坚持普通人优先受益的理想主义情怀。2010年他说，目前全球约有1/5的人拥有网络，他的愿望是让互联网保持开放和自由，让所有使用者都能免费上网。著名的《时代周刊》杂志曾将他列入20世纪最有影响的100名英国人之一。

5.2.9　智能手机的出现

世界上第一款智能手机是IBM公司1993年推出的Simon，它也是世界上第一款使用触摸屏的智能手机，使用Zaurus操作系统，只有一款名为

"DispatchIt"的第三方应用软件。它为以后的智能手机处理器奠定了基础，有着里程碑的意义。

 导　图

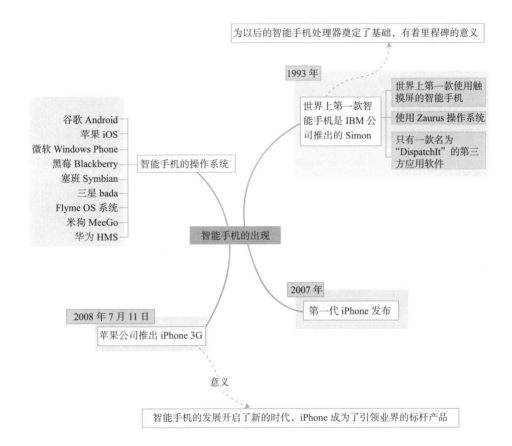

5.2.10　彩色3D打印机的研制

3D打印技术出现在20世纪90年代中期，实际上主要是利用光固化和层叠等技术的最新快速成型装置。它与普通打印工作原理基本相同，打印机内装有液体或粉末等"打印材料"，与电脑连接后，通过电脑控制将"打印材料"一层一层地叠加起来，最终将计算机上的蓝图变成实物。2005年，市场上首个高清晰彩色3D打印机Spectrum Z510由ZCorp公司研制成功。

导 图

1986 年
美国科学家 Charles Hull 开发了
第一台商业 3D 印刷机

1993 年
麻省理工学院获 3D 印刷技术专利

1995 年
美国 ZCorp 公司从麻省理工学院
获得唯一授权并开始开发 3D 打
印机

2005 年
市场上首个高清晰彩色 3D 打印
机 Spectrum Z510 由 ZCorp 公司
研制成功

2010 年 11 月
美国 Jim Kor 团队打造出世界上
第一辆由 3D 打印机打印而成的
汽车 Urbee

2011 年 7 月
英国研究人员开发出世界上第一
台 3D 巧克力打印机

2011 年 8 月
南安普敦大学的工程师们开发出
世界上第一架 3D 打印的飞机

2012 年 11 月
苏格兰科学家利用人体细胞首次
用 3D 打印机打印出人造肝脏组织

2013 年 11 月
美国得克萨斯州奥斯汀的 3D 打印
公司"固体概念"（SolidConcepts）
设计制造出 3D 打印金属手枪

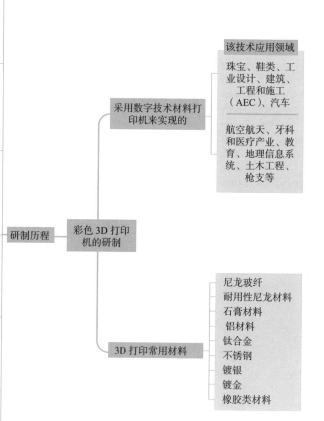

该技术应用领域

珠宝、鞋类、工
业设计、建筑、
工程和施工
（AEC）、汽车

航空航天、牙科
和医疗产业、教
育、地理信息系
统、土木工程、
枪支等

采用数字技术材料打
印机来实现的

研制历程　彩色 3D 打印
机的研制

3D 打印常用材料

尼龙玻纤
耐用性尼龙材料
石膏材料
铝材料
钛合金
不锈钢
镀银
镀金
橡胶类材料

人物小史与趣事

★ 3D打印技术为何无法量产

3D打印技术无法应用于大量生产，有一些专家鼓吹3D打印是第四次工业革命，这个说法只是个噱头。富士康为苹果代工生产iPhone已经很多年，郭台铭以3D打印制造的手机为例，说明3D打印的产品只能够看而不能够使用，因为这些产品上不能加上电子元器件，因此无法为电子产品量产。

克伦普说："3D打印的确更适合一些小规模的制造，尤其是高端的定制化产品，比如汽车零部件制造。" 3D打印技术先后进入了牙医、珠宝和医疗等行业，未来可能应用的范围会越来越广。

2014年11月末，3D打印技术被《时代周刊》评为2014年25项年度最佳发明之一。对于消费者和企业来说，这是个福音。中学生们使用3D打印技术打印了用于物理课实验的火车车厢，科学家们使用3D打印技术打印了人类器官组织，通用电气公司则使用3D打印技术改进了其喷气引擎的效率。美国三维系统公司的3D打印机能够打印糖果和乐器等，因此该公司首席执行官阿维·赖兴塔尔说："这的确是一种巧夺天工的技术。"

值得一提的是，北京航空航天大学王华明院士研制的大型复杂整体构件3D打印技术已在飞机、导弹、卫星、航空发动机等重大装备上推广应用。中国3D打印金属零件已达国际领先水平。

5.2.11　量子计算机的发明

量子计算机是一类遵循量子力学规律而进行高速数学和逻辑运算、存储及处理量子信息的物理装置。当某个装置处理和计算的是量子信息，运行的是量子算法时，它就是量子计算机。量子计算机的概念主要源于对可逆计算机的研究。

1982年，美国著名物理物理学家理查德·费曼在一场公开的演讲中提出利用量子体系实现通用计算的新奇想法。紧接着，1985年，英国物理学家大卫·杜斯提出了量子图灵机模型。

2009年11月15日，世界首台可编程的通用量子计算机在美国正式诞生。同年，英国布里斯托大学的科学家研制出基于量子光学的量子计算机芯片，可运行舒尔算法。

导 图

量子计算机的发明

关于"基于量子力学的信息处理"的最早文章是由亚历山大·豪勒夫（1973）、帕帕拉维斯基（1975）、罗马·印戈登（1976）和尤里·马尼（1980）发表

量子力学的诞生为人类未来的第四次工业革命打下了基础

意义

1920 年

埃尔温·薛定谔、爱因斯坦、海森伯格和狄拉克，共同创建了一个前所未有的新学科——量子力学

1969 年

史蒂芬·威斯纳最早提出"基于量子力学的计算设备"

1982 年

量子计算机的概念诞生

理查德·费曼率先提出量子计算机

1994 年

贝尔实验室的专家彼得·舒尔证明量子计算机能完成对数运算，且速度远胜传统计算机

2007 年 2 月

加拿大 D-Wave 系统公司宣布研制成功 16 位量子比特的超导量子计算机，但其作用仅限于解决一些最优化问题，与科学界公认的能运行各种量子算法的量子计算机仍有较大区别

2009 年 11 月 15 日

世界首台可编程的通用量子计算机正式在美国诞生

英国布里斯托大学的科学家研制出基于量子光学的量子计算机芯片，可运行舒尔算法

2010 年 3 月 31 日

德国于利希研究中心发表公报：德国超级计算机成功模拟 42 位量子计算机

首次能够仔细地研究高位数量子计算机系统的特性

2011 年

4 月 一个成员来自澳大利亚和日本的科研团队在量子通信方面取得突破，实现了量子信息的完整传输

9 月 科学家证明量子计算机可以用冯·诺依曼架构来实现

11 月 科学家使用 4 个量子位成功对 143 进行因式分解

2012 年 2 月

IBM 声称在超导集成电路实现的量子计算方面取得数项突破性进展

2013 年 6 月 8 日

由中国科学技术大学潘建伟院士领衔的量子光学和量子信息团队首次成功实现了用量子计算机求解线性方程组的实验

人物小史与趣事

费曼

理查德·费曼（1918—1988），美籍犹太裔物理学家，加州理工学院物理学教授，1965年诺贝尔物理学奖得主。

1939年，理查德·费曼以优异成绩毕业于麻省理工学院，1942年6月获得普林斯顿大学理论物理学博士学位。1942年，24岁的费曼加入美国原子弹研究项目小组，参与秘密研制原子弹的项目"曼哈顿计划"。1950年到加州理工学院担任物理学教授，直到去世。

理查德·费曼提出了费曼图、费曼规则和重正化的计算方法，这是研究量子电动力学和粒子物理学不可缺少的工具。费曼还发现了呼麦这一演唱技法，曾一直期待去呼麦的发源地——图瓦，但是最终未能成行。他被认为是爱因斯坦之后最睿智的理论物理学家，也是第一位提出纳米概念的人。

★首台商用量子计算机——D-Wave量子计算机

2007年，加拿大计算机公司D-Wave展示了全球首台量子计算机"Orion"（猎户座），它利用了"量子退火效应"来实现量子的计算。该公司在2011年推出具有128个量子位的D-Wave One型量子计算机，并于2013年宣称，NASA与谷歌公司共同预定了一台具有512个量子位的D-Wave Two量子计算机。

5.2.12 重力灯的发明

重力灯利用重力进行发电，随着灯下悬挂重物的不断下滑，它能够将这种重力势能转化为电能，持续提供30分钟的照明。2012年12月，英国伦敦设计师马丁·瑞德福和吉姆·里弗斯发明了一款实用的重力灯。

导图

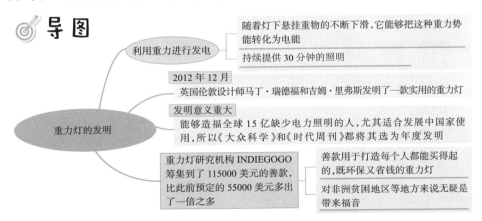

人物索引

A

爱德华·詹纳 / 068

爱迪生 / 145

奥托 / 097

B

巴丁 / 201

贝尔 / 140

贝尔德 / 158

贝克勒尔 / 192

本杰明·富兰克林 / 062

毕昇 / 038

柏琴 / 118

C

蔡伦 / 032

仓颉 / 008

D

达盖尔 / 125

戴姆勒 / 066

戴维 / 108

丹尼斯·帕平 / 060

德沃尔 / 206

邓稼先 / 193

蒂姆·伯纳斯·李 / 209

E

恩格尔伯格 / 206

F

法拉第 / 088

费曼 / 215

费米 / 192

夫琅和费 / 084

伏特 / 120

G

古德伊尔 / 117

戈达德 / 188

H

亨利·贝塞麦 / 129

J

伽利略 / 057

K

卡尔森 / 160

克朗普顿 / 054

L

莱特兄弟 / 163

雷伯 / 170

雷奈克 / 114

列文虎克 / 045

林德 / 175

M

玛丽·居里 / 192

莫尔斯 / 093

N

纽可门 / 051

诺贝尔 / 131

Q

钱三强 / 192

S

摄尔修斯 / 058

沈括 / 027

斯蒂芬逊 / 078

史密斯 / 174

燧人氏 / 005

孙思邈 / 018

W

瓦特 / 074

王充 / 027

威廉·拉姆赛 / 153

威廉·莫顿 / 109

Z

曾公亮 / 027

詹斯基 / 170

张衡 / 034

参考文献

[1] 乔·拉提甘.世界上最最好玩的发明[M].龙羽西,译.北京:电子工业出版社,2016.

[2] 杰克·查罗纳.改变世界的1001项发明[M].张芳芳,曲雯雯,译.北京:中央编译出版社,2014.

[3] 中国科学院自然科学史研究所.中国古代重要科技发明创造[M].北京:中国科学院自然科学史研究所,2016.

[4] 查洛纳.发明天才他们这样改变世界[M].龙金晶,李苗,霍菲菲,译.北京:人民邮电出版社,2014.

[5] 张少鹏.四大发明的故乡[M].吉林:吉林出版集团有限责任公司,2012.

[6] 赵海明,许京生.中国古代发明图话[M].北京:国家图书馆出版社,1999.

[7] 法里斯,等.有趣的发明与发现[M].储茜茜,译.北京:科学普及出版社,2012.

[8] 钱伟长.中国历史上的科学发明[M].上海:上海大学出版社,2009.